郵便局はあぶない

荻原博子

SB新書
515

はじめに
——なじみの「郵便局」とどう付き合っていくべきか?

郵便局は、全国津々浦々、2万4000局もあり、みなさんにとっては、いつも郵便物の配達をしてもらうのみならず、「貯金」や「保険」など、金融機関としても最も身近で親しみやすいところではないでしょうか。

郵便局は、日本では約150年前に誕生し、それ以来、雨の日も風の日もみなさんの元に〝たより〟を届け続けてきました。

子どもからの「元気だ」という嬉しい〝たより〟、親しい方が亡くなったという悲しい〝たより〟、そうした〝たより〟に心を寄せ続ける中、郵便は私たちの生活を支える拠り所の一部になってきました。

郵便局の不正問題

しかし、こんなにも信頼してきた郵便局で、**「かんぽ生命の不正販売問題」**が起きたとき、驚いた方も多かったのではないでしょうか。

念のためこの「不正」について簡単に説明しておくと、入っていた保険を新しい保険に変えさせるとき、郵便局の営業マンが、故意に二重で契約させて、2倍の保険料を支払わせたり、保険に加入していない無保険期間をつくったりしたというものでした。なぜならそうすることで、彼らは2倍の手数料を得られたからです。

これによってわたしたちは、必要以上に保険料を支払わせられたり、逆に、無保険のままにされ、中には保険金や給付金がもらえないという人も多数出た。これはそんな事件でした。

郵便局神話はもうない

これまで私たち日本人は、**「郵便局なら大丈夫」という郵便局神話**をずっと持ち続けてきました。

その理由の第一は、「国がやっていることだからまちがいない」。

第二の理由は、「郵便局は長い間ずっと地元に貢献してきて、地元との繋がりが強く、不信感を抱くことがなかった」。

第三の理由は、「郵便局には優れた商品、サービスがあった」ことでしょう。

昔は子どもが生まれると、近所の郵便局で学資保険をすすめられ、言われるがままにお金を預けると、子どもが大学に行く頃には、およそ倍になって戻ってきて驚いたという経験のある方も少なくないと思います。

あるいはバブルの頃、郵便局の定額貯金の利率は7％でしたので、郵便局に10年間お金を預けたら、やはり倍になって戻ってきて助かった、という経験をされた方もいるかもしれません。

こうした人たちにとって郵便局は、「よい商品があり」「安心、安全に預けることができる」どこより身近な金融機関でした。しかし先般の不正問題で、この信頼は一気に崩れ去りました。

民営化で郵便局は大きく変わった

時代も大きく変わりました。

小泉純一郎元首相が行った「**郵政民営化**」によって、2007年10月1日、郵便局は民営化され、「日本郵政公社」から「株式会社」になり、民間企業への道を歩みはじめました。

小泉元首相は、「民営化すれば、民間なみにサービスが向上する」と言いましたが、結果から言えばその逆で、民間の株式会社になることで他社との競争が激しくなり、その中でサービスの質が落ち、良い商品がつくれない状況になっています。

郵政民営化

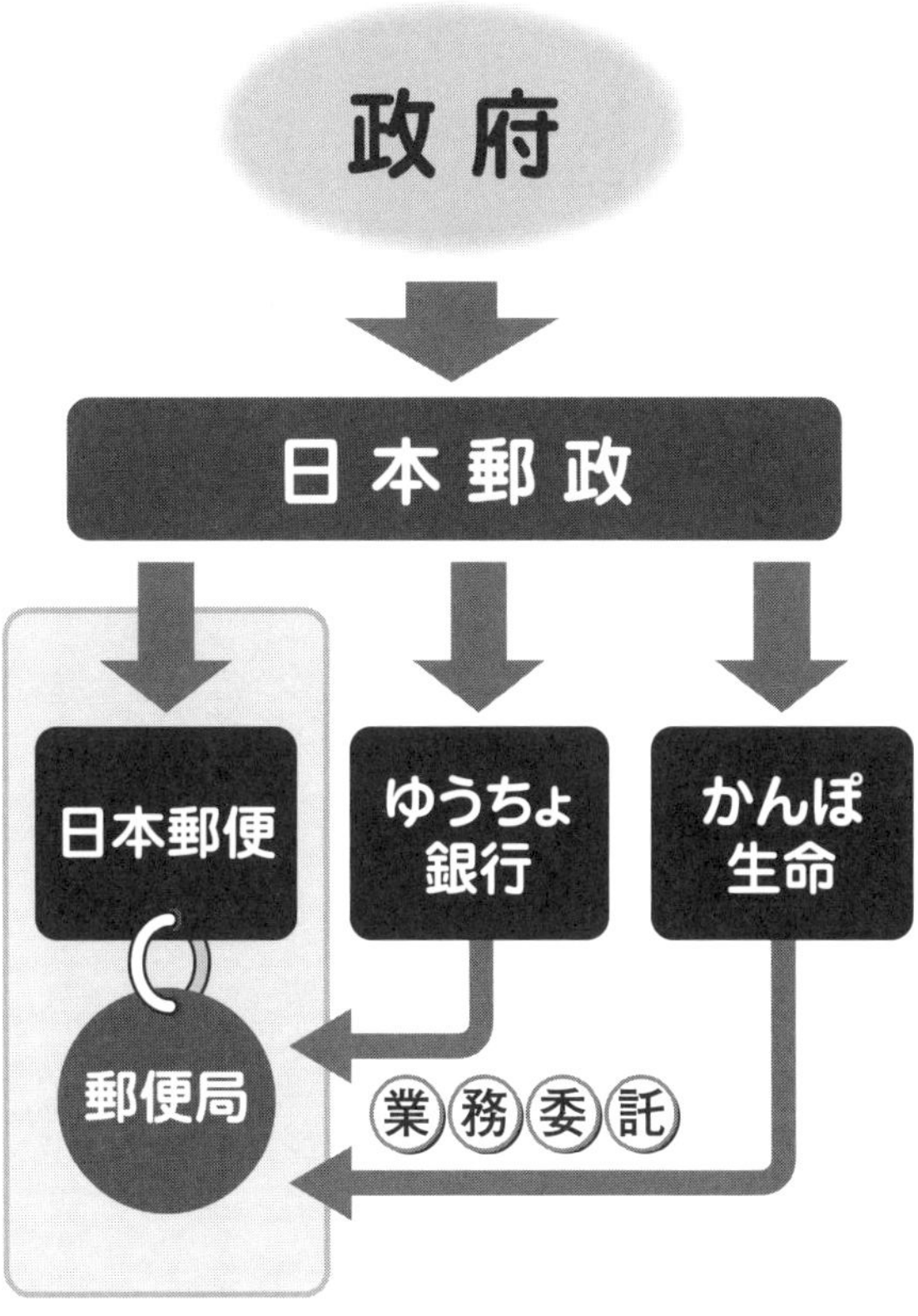
政府
日本郵政
日本郵便
ゆうちょ
銀行
かんぽ
生命
郵便局
業務委託

また、郵便局の民営化にあたっては、「ユニバーサルサービス」という、全国どこでも誰でも同じサービスを受けられるようにする義務の範囲が拡大されました。しかし、これが逆に収益の足を引っ張っていることも皮肉です。

なぜならユニバーサルサービスを行うために、郵便局の数は減らさないことになったのですが、それではやっていけないので、**職員を2割も減らした**からです。そんな状況の中で、なんとか収益を上げようと苦しまぎれに行われたのが、お客を騙して手数料を稼ぐ「不正販売」だったわけです。

郵便局は破綻もありうる

「郵政民営化」後、状況がどんどん悪化する中、いま郵便局は、本当にこのまま経営し続けることができるのかという**存続の危機**を迎えています。

けれどその一方で、私たちにとって郵便局にはこれからも利用し続けたい優秀なサービスがたくさんあります。今後も最も身近な金融機関であることにも変わりありません。また**「破綻の危機」**がささやかれはじめてはいるものの、「すぐに保険を解約しなくては」という状況にもありません。

そこで本書はみなさんに、最近の郵便局の現状をお知らせするとともに、今後の**郵便局の使い方のコツ**や、**損失を避けるワザ**について、お知らせしようと思います。

ぜひ本書を読んで、郵便局をかしこく上手に使いながら、あなたのお金を守ってください。

２０２０年７月

荻原博子

郵便局はあぶない

目次

第2章

郵便局はあぶない【かんぽ生命編】

第3章

「もしも」のときに備えよう

第4章

郵便局はおトクに使おう

第1章

郵便局はあぶない【ゆうちょ銀行編】

郵便局の「貯金」の金利はもう7％じゃない

次のページの図は、郵便局の「通常貯金（いわゆる普通預金のこと）」と「定期貯金（定期預金のこと）」の金利についてのものです。

かつて日本は、お金を預けるなら**郵便局は最強**でした。

通常貯金の利率は**4％以上**の期間がかなりありありましたし、定期貯金は**7％**を超えた時期もありました。局員とは日々、顔を合わせて安心ですし、郵便局は日本全国どこにでもある。となれば安心感は他の金融機関には代えられません。

郵便貯金の金利

通常貯金（普通預金）

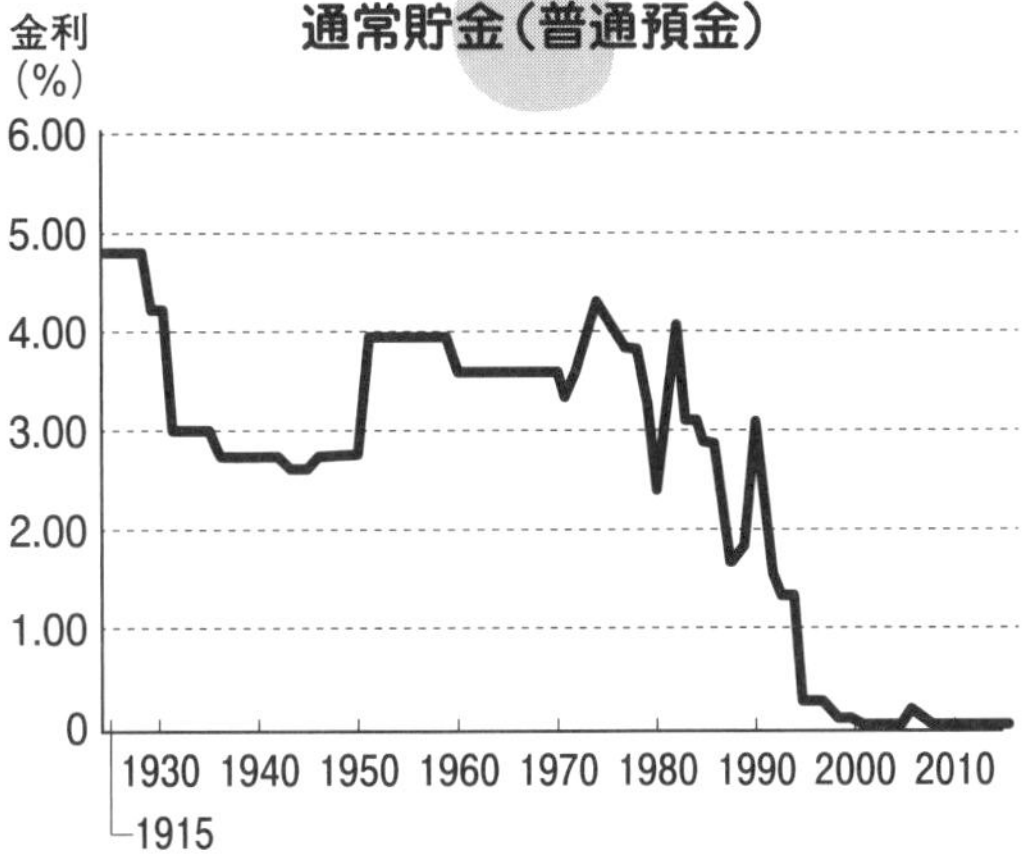

定期貯金（定期預金）

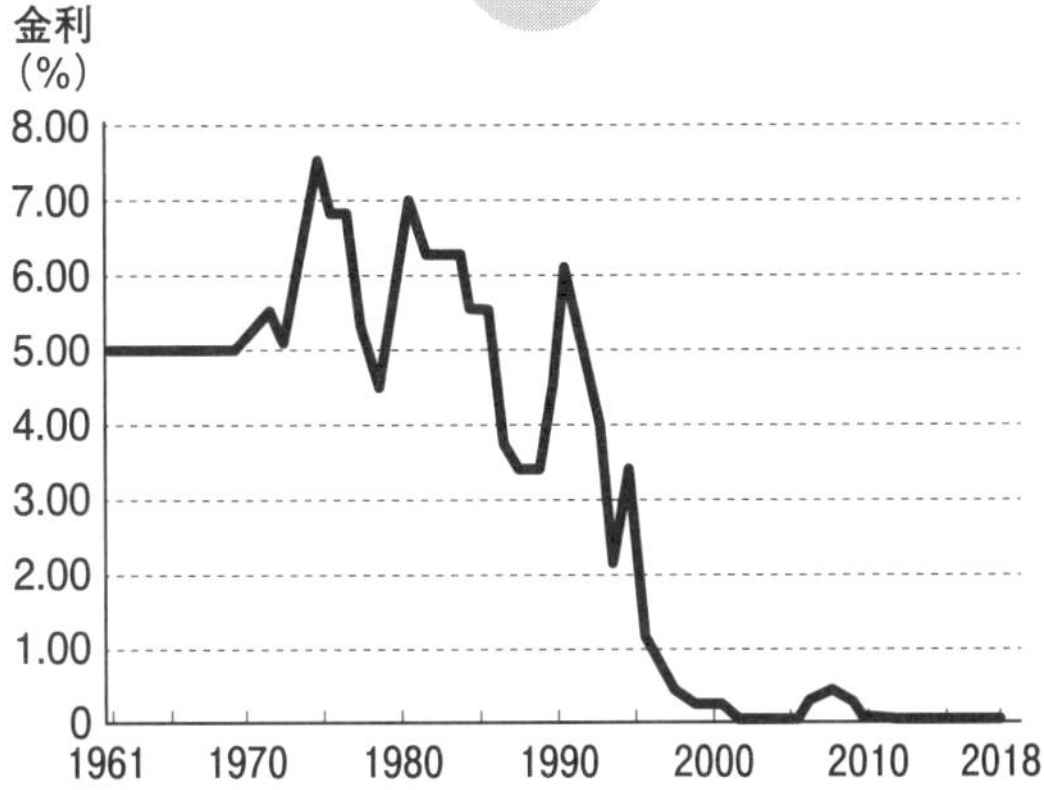

日本銀行統計資料より作成

利率のいい時期には、びっくりするほどたくさんの利息をもらえていました。たとえば300万円預けたら、利率が5％なら年間の利息は15万円。7％だと21万円。ここから税金を引かれたとしても、利率が7％もあれば、預けたお金は複利で増えて約10年で倍近くになります。

だからわたしたちはこぞって「貯金は郵便局」と言わんばかりに、誰もが安心して郵便局にお金を預けていたわけです。

「マル優」はもうない

ところでみなさん、**「マル優」**という言葉を聞いたことがありますよね？

マル優とは、一定の条件に当てはまる人が預貯金する場合、元本350万円まで、利子が非課税になるという「マル優制度」のことです。

通常、郵便局や銀行の預貯金については、利息から20％の税金が引かれることになっています（2037年12月31日までは、さらに復興税が0・315％引かれます）。ですから10円の利息がついたとしても、2円は税金として引かれ、手元には8円しか残りません。けれど**マル優が使えれば、手元に入る利息は税金を引かれない**ので、10円のままになるわけです。

「マル優」が使えるのは、「障害者手帳を持っている人」「遺族年金を受けている人」「寡婦年金を受けている人」「母子年金を受けている人」など、所得を得にくい方たちです。こうした方は、国債と地方債でも利息が非課税になる「特別マル優」を使うこともできます。

でもこれとは別に、郵政民営化前の郵便局には、**元本350万円まで非課税になる「郵貯マル優」**（郵便貯金の利子に対する非課税制度）というものがありました。

この「郵貯マル優」は、郵便局に貯金をする**すべての個人が対象**だったので、親の貯金が郵貯マル優の限度額を超えたら、子ども名義の通帳をつくって、さらに3

50万円まで非課税で貯金をする、という作戦が多くの家庭で行われていました。たとえば350万円預けたら、利率5%だと年間の利息は17万5000円。ここから20%の税金を引かれるのと引かれないのとでは、3万5000円も手取りが違います。ですからマル優はとても魅力でした。

でもじつはこの「郵貯マル優」。**郵政民営化とともに廃止**されたのをご存じでしょうか（障害者の方たちが使える「マル優」制度は残っています）。

郵政民営化の前までは、金利もかなり高かったのと、このマル優で、郵便局での貯金はたしかに**「最強」**でした。

でも、もはやこうした特典は**とっくの昔になくなっている**のです。

金利はもう7%じゃない

郵便局の金利も、いまや7%ではありません。**通常貯金（普通預金）は0・00**

ゆうちょ銀行の現在の金利（2020）

通常貯金

0.001%

定期貯金

期　間	金　利
1月（1月以上3月未満）	0.002%
3月（3月以上6月未満）	0.002%
6月（6月以上1年未満）	0.002%
1年（1年以上2年未満）	0.002%
2年（2年以上3年未満）	0.002%
3年（3年）	0.002%
4年	0.002%
5年	0.002%

ゆうちょ銀行

1%、**定期貯金（定期預金）は0・002%**です。

つまりこれまでのいい記憶のまま、郵便局に貯金をしても、かつてのようには増えない時代になった、ということです。

「郵便局は最強だ」と思い込んだまま、郵便局一択でお金を預けていると、現実に**気づいたときにはもう遅い！**　なんてことが起きるかもしれません。

これからの時代は、郵便局に関する情報をアップデートしながら、他の金融機関とも比較しつつ、どこにお金を預けるべきかを考える時代かもしれません。

結論

郵便局での貯金はもう最強じゃない。
金利だけを見ればネット銀行の金利は郵便局の200倍（!）

民営化前の口座のお金は20年動かさないと〝消滅〟する!?

家の中の整理をすると、意外とたくさんあるのが郵便局の「**通帳**」です。

こうした通帳を整理すれば、ちょっとしたおこづかいになる勢いですよね。

でもいま銀行では、口座を使った犯罪（マネーロンダリングなど）の多発から、防犯・管理の面で、口座は1人1口座しか、開けないようになっています。

ゆうちょ銀行のホームページにも、「お1人につき1口座のご利用をお願いしています。すでに口座をご利用いただいている場合、新たな口座の開設を、お断りする場合がございます」と書かれています。

でも郵便局は普通の銀行と違って、「公共的な金融機関」という面を備えています。

ですから、子どもの小学校や中学校から「引き落としは、郵便局に口座をつくってそこからお願いします」などの通知があると、給料振込口座があっても「正当な理由がある」として、新たな口座をつくれることがあります（だから郵便局の通帳は、1冊2冊と増えるのですが……）。

その結果、子どもが学校を卒業すると、郵便局には、ちょっとだけお金が入ったまま使わなくなった口座が残ることがよくあります。

「こども郵便局」の口座もチェック

民営化の前（2007年9月30日以前）の郵便局には、「こども郵便局」というものがありました。

これは「子どもの頃から貯蓄グセをつけよう」と、子どもの貯金を奨励した制度です。ここで口座を開いた人も多かったのではと思います。

でもこの「こども郵便局」、昔は子どもたちのコツコツ貯蓄を表彰すべく、政府がイベントを開いて盛り上げていましたが、2007年3月に「貯めるだけの貯蓄教育は、これからの時代にそぐわない」とすっかり廃止されてしまいました。ですからこのときつくった口座もそのまま残っているかもしれません。

また民営化前は、郵便局の「簡易保険」に加入するために口座をつくった方もいたでしょう。当時は子どもが生まれたら、多くの人が郵便局の「学資保険」に入っていました。ですからここでも、かなりの方が郵便局に口座をつくり、それがそのままになっているかもしれません。

20年たったお金は国に没収される⁉

民営化前のこうした口座の貯金を放っておくと、そのお金は、最後の取扱日（あるいは満期日）から20年間取引がないと、国に没収されることを知っていますか？

（ただし、郵政民営化後・にゆうちょ銀行に預けた貯金は、民間と同じルールになるので、没収はされません）。

ですから民営化前の口座については放置せず、早めの手続きをすることです。少額であっても没収になれば、きっと後悔が残ります。

民営化前に預けた定期性の貯金は特に注意

通常貯金は少額なこともあるので、あるいは失念しがちかもしれませんが、問題は民営化の前、つまり2007年9月30日以前に預けた**「定額郵便貯金」「定期郵便貯金」「積立郵便貯金」**のお金です。ここにはそれなりの額の貯金がある人も多いでしょう。

このお金が、**満期から20年2か月経ち、払い戻し請求をしないまま、権利が消滅、没収されては大ピンチです。**

満期がきたら自動継続する定期郵便貯金のようなお金についても、満期を迎え、自動継続したタイミングが民営化のあとであれば、そこで更新は終わり。それ以上は自動継続されることなく、民営化前の貯金として扱われます。ですからこうしたお金も払い戻しの請求をしないと、満期から20年で国に没収されてしまいます。

こうした貯金については、権利消滅の2か月前に「**権利消滅のご案内（催告書）**」が送られますので、心当たりがある方は、マイナンバーカードや運転免許証、パスポートなど本人証明ができる書類を持って、ゆうちょ銀行の窓口で払い戻してもらってください。

民営化前に貯金をした覚えはあるものの、あまりに前のことなので、郵便貯金証書や通帳を紛失したという人も、窓口で相談すれば、調査・発見してくれますので、まずはあきらめないで調べることです！

結　論

民営化前の2007年9月30日までに預けたお金は、20年間、動かさないと、通知から2か月後には没収されてしまいます。手続きはお早めに！

「休眠口座」にも要注意！

２０１９年１月から、**10年以上動きのない口座は「休眠口座」として一部を国が管理**し、そのお金は社会事業費として活用されることになりました。これにも注意してください。

でも、いきなり休眠口座にされたら多くの人は驚きますよね。

そこで**９年以上入出金がなく、**休眠口座になる可能性がある口座のうち、残高が１万円以上ある口座の持ち主には、通知が郵送されることになりました。一方、残高１万円未満の休眠口座は、**郵送通知なしで国が管理**することが決まっています。

休眠口座のお金は国に没収されるのか？

でもいきなりこう書くと、みなさん心配になりますよね？

大丈夫、安心してください。休眠口座は、預金者が気づいた時点で郵便局に申し出れば、出金・解約が可能です。ただし通帳や印鑑などを用意のうえで手続きが必要になりますから、かなりの時間がかかる可能性があります。あらかじめ一報を入れたうえで、銀行の窓口に出向くといいと思います。

通帳を紛失したら？

通帳やキャッシュカードを紛失していても、郵便局（ゆうちょ銀行）に口座がある覚えがあれば、問い合わせるといいでしょう。身分証明書などを持参すれば、手続きできることがあるようです。ただ、いずれにしても、使っていない口座は早めに整理し、必要ないものは解約するなど処置をとるのがおすすめです。

結　論

気づいたら郵便局に動いていない口座があったという人は、意外と多くいます。使わなくなった口座は整理して、おこづかいにしてしまいましょう。

気をつけよう「ゆうちょ銀行」のゴリ押し販売

「かんぽ生命による不正販売問題」は、大々的に報道されたこともあって、金融庁も業務停止を言い渡さざるをえない大事件に発展しました。

その事件を受けて、少しかすんでしまった感があるのが、**ゆうちょ銀行の「投資信託不適切販売問題」**です。

2019年9月13日、ゆうちょ銀行は、70歳以上の高齢者への投資信託の販売において、社内ルール違反が2018年度1年の間に、なんと1万9591件あり、関わった職員が850人いたことを公表しました。

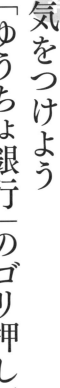

不適切販売に関与したのは、ゆうちょ銀行（直営店）**全体の約9割**にあたる213店。その他、187店の直営以外の店舗でも、不適切販売があったことがわかりました。

これは、70歳以上の顧客、約23万5000人を対象にした調査の結果ですが、なんとその1割に近い高齢者に、事前の理解度の確認を怠るなど、**不適切な販売**をしていたことがわかったのです。

「投資信託」買っていませんか？

投資信託などの投資商品の販売を取り締まる「金融商品取引法」の第40条では、金融商品を販売するとき、顧客の知識、経験、財産の状況、なぜその金融商品を買うのか、その目的を把握する際、「不適当」と認められる場合については、販売をしてはいけないことが定められています。

また、日本証券業協会のガイドラインでも、高齢者の勧誘については、事前に意向確認をすることになっていますが、こうした手続きを省いていたというわけです。

若い人の場合は、それなりの知識や経験があったうえで投資商品を買う人が少なくありません。しかし高齢者の場合には、そもそも「投資教育」などまったく受けていない人が多くいます。若い頃、政府からすすめられたのは、「投資」ではなく「貯蓄」だったという人がほとんどでしょう。

ですから、すすめられるがままに「投資商品」を買うと、取らなくてもいいリスクを取り、財産を目減りさせてしまうことが少なくありません。

にもかかわらず郵便局では、ひどいケースだと、**理解力が薄くなった高齢者を狙って、多額な投資商品を買わせて、あとでトラブルになる**というケースもあったようです（ですから銀行によっては、70歳以上には「投資商品」を売らないところもあるくらいなのに)。

今回、調査対象となったのは、2018年度(1年間)に投資信託を買った70歳以上の人のみでしたので、もしかしたらこれは**氷山の一角**で、まだまだ不適切な販売がある可能性は否定できません。

郵便局にはノルマがある

なぜ、ゆうちょ銀行が投資信託の不適切販売に走ったのかといえば、その陰に、**過酷なノルマ**があったためだと言われています。

ゆうちょ銀行は、民営化後も民業を圧迫しないようにと、自由な商品開発ができない状況にあります。たとえばみなさんから多額の貯金を集めても、それを貸し出すことはできず、運用のみで利益を上げるしかありません。

しかし現在は、異次元の金融緩和が続けられていて、みなさんから預かったお金を運用しようにも超低金利で運用益が上がらなくなってしまいました。そこでゆうちょ銀行が積極的に推し進めたのが、「投資信託」の販売だったというわけです。

ところでみなさんご存じですか?

じつは**投資信託は、銀行や郵便局にとって、売れば売るほどリスクなく儲かる商品**なのです。なぜなら投資信託は、売ったら確実に手数料が入る商品であるからです。つまり買う側（みなさん）にはリスクがありますが、**売る側（郵便局）はノーリスクで儲かる**ようになっているのです。

ですから郵便局は手数料ほしさに、しっかりとした手続きを踏まずに不適切販売に走ったのではないかと言われています。

もし、みなさんが投資信託を買っているなら、しっかりした説明、手続きが行われていたか、一度、チェックしてください。

投資信託はリスクがある商品であるという説明を受けたかどうか、そしてみなさんもそれを理解し、納得したうえで購入したか。

「郵便局だから大丈夫」ではありません。リスクのある商品は、郵便局で買ってもリスクがあります。大切なお金を守るために、しっかりチェックしてください。

結論

自分は被害にあっていないか、郵便局で投資信託を買った人は、一度、確認してください。

郵便局の「投資信託」は要注意！

ゆうちょ銀行が販売している投資信託は、窓口で販売しているものが68本、インターネットで販売しているものが128本です（2020年4月24日現在）。

この中で、売れている投資信託ベスト10のうち、上位ベスト5（3か月）を見てみると、なんと5つの投資信託のうち4つが、「毎月決算型」もしくは「毎月分配型」、つまり**毎月決まって分配金が支払われる商品**であることに驚きます（次図参照）。なぜこれが驚きなのか説明しましょう。

たとえば一番人気の「**スマート・ファイブ（毎月決算型）**」は、これを1万円分

投資信託販売金額ランキング（3か月）

期間：2020年2月1日～2020年4月30日
基準価額　2020年5月18日時点

順位		ファンド名	基準価額（円）	前日比（円）
1	➡	スマート･ファイブ（毎月決算型）	9,446	+18
2	⇧	DIAM世界リートインデックスファンド（毎月分配型）	2,143	-8
3	⬇	東京海上･円資産バランスファンド（毎月決算型）【愛称:円奏会】	10,532	+10
4	➡	ダイワ･US-REIT･オープン（毎月決算型）Bコース（為替ヘッジなし）	1,898	-53
5	⇧	JP4資産バランスファンド(成長コース)【愛称:ゆうバランス 成長コース】	11,756	+25
6	⬇	ピクテ･グローバル･インカム株式ファンド(毎月分配型)	2,426	+53
7	⇧	JP4資産バランスファンド(安定成長コース)【愛称:ゆうバランス 安定成長コース】	11,258	+12
8	⇧	つみたて日本株式（TOPIX）	9,630	+37
9	⇧	大和ストックインデックス225ファンド	14,973	+73
10	⬇	東京海上･円資産バランスファンド（年1回決算型）【愛称:円奏会（年1回決算型）】	10,711	+10

ゆうちょ銀行（2020年4月24日）

買うと、毎月40円の分配金が出ることになっています。つまり、この投資信託を1000万円分買ったら、毎月かならず4万円の分配金が出る（！）ということです。

しかも「毎月決算型」「毎月分配型」の投資信託は、儲かっているから分配金が出るのではなく、**儲かっていても損をしていても、かならず毎月決まった金額が分配金として出るという商品**です。


でも、儲かっているときに分配金が出るのはわかりますが、**損をしていても出るというのはおかしい**と思いませんか？

そうなんです。じつはこの商品、損しているときには、預けている1000万円の中から一定額の分配金を出しているのです。つまり毎月決算型、毎月分配型の投資信託は、運用がうまくいかないと、**預けたお金がどんどん目減りする**商品なのです（！）

でも、この投資信託を買われた高齢者の方の中には「この投資信託は、毎月決まって分配金が出るタイプです」「銀行に1000万円預けても、年間にもらえる利息は1000円くらい。だったら**老後の年金代わりに**この投資信託を買ってはどうでしょう。この投資信託なら、1000万円預けたら、**毎月4万円の分配金がもらえます**」などとすすめられて買った人もいたようです。

「年金代わりになる」「分配金がもらえる」などと聞くと、1000万円支払えば、かならず月に4万円が分配金としてもらえると誤解しがちです。事実、こうした誤解で購入した人もいたようです。

「毎月決算型」「毎月分配型」には落とし穴がある！

もう一度、先の図を見てください。

「基準価額」と書かれているのがわかるでしょうか？

これは1万円で発売した投資信託が、現在、いくらになっているのかが書かれたものです。
これで見ると、人気ナンバーワンの「スマート・ファイブ（毎月決算型）」は、9446円となっています。つまり1万円で売り出されたものが、現在9446円になっているということです。

また、3番人気の「東京海上・円資産バランスファンド（毎月決算型）」を見てください。こちらは基準価額が1万532円ですから値上がりしています。けれど2番人気、4番人気の商品は、基準価額が2000円台（あるいはそれ以下）になっています。たとえば2番人気の「DIAM世界リートインデックスファンド（毎月分配型）」は、1万円で売り出されたものが、現在、2143円まで下がっています。

つまり、売り出し当初、この投資信託を1000万円で買った人は、その価値が、214万3000円まで目減りしてしまっているということです（！）

これでは、1000万円に対して毎月2万5000円の分配金をもらったとしても、将来が安心とは言えないのではないでしょうか。

でもそれに気づかず、すすめられるままにこうした投資信託を買っている人が多いので、ベスト10の多くが「毎月決算型」「毎月分配型」になっているのでしょう。

あとで気がついて**「こんなはずではなかった！」**と思わないためにも、郵便局で投資信託を買った人は、自分の買った投資信託の内容をよく理解するようにしてください。

結論

「毎月決算型」「毎月分配型」の投資信託を、「年金代わりになる」とすすめられても、しくみを知らないなら買わないほうがいいでしょう。

郵便局の「変額年金保険」は要注意！

ゆうちょ銀行のホームページを見ると、資産運用・確定拠出年金というページに、**「変額年金保険」**の紹介があります。

これを見ると、変額年金保険のメリットとして、「公的年金の不足を補える」「じっくり運用が行える」「万一の保障がある」と書かれています。そしてその下に、現在売り出されている2つの変額年金保険の商品名が出ています。

怖いのはその下にある**「募集停止の商品」**です。

ここには現在、8つの商品の名前が出ていますが、これらはすでに運用できずに募集をやめてしまった商品です。「募集停止」ということは、**運用損**が出ているので、「これ以上は運用できない」という意味です。

たとえば、10年間で満了となる変額年金保険に、1000万円預けたとしましょう。本来ならこの1000万円を増やして、老後の年金としてもらうのですが、運用損が出て、800万円を切ってしまったとします。そうなるとその時点で、この商品はこれ以上損が出ないよう、運用がストップされてしまいます。するとこの商品を買った人は、**その時点で引き出すと800万円しか戻りません**。しかし、10年間置いておくと、その後、累計で1000万円の年金がもらえる。こんなイメージです。

10年間預けてトータルで1000万円もらっても、すでに支払っているのが1000万円ですから、何の旨味もないどころか実質的には大切な虎の子が目減りしていることになります。

なぜ、こんなことになっているのでしょうか。

メリットだけでなくデメリットも見る

変額年金保険というのは、約束した利回りで運用する従来型の個人年金保険と違って、預けたお金を投資信託などのリスク商品で運用していく金融商品です。ですからふつうの年金保険より資産が増える可能性があったり、亡くなったときの保障もセットされるなどのメリットがあります。

しかし先にご説明したように、この商品にはデメリットもあります。

変額年金保険の最も大きなデメリットは、「手数料が高いこと」「払い込んだお金から、保険としての保障料や保険会社の経費が引かれるだけでなく、運用手数料も引かれる」ことです。

つまり運用がうまくいけば老後の資金が増えますが、**うまくいかなければ老後資**

金が目減りすることになるわけです。

たとえば通常の投資で1000万円預けたとして、運用で増えもせず減りもせず30年経つと、この1000万円はどうなるでしょうか。

運用で増えもせず減りもしないのだから、1000万円は1000万円のままだろうと思うかもしれません。けれど**実際には500万円以下に目減りします**（30年間ずっと3％前後の手数料を払い続けた場合）。

そしていまゆうちょ銀行が販売した変額年金保険の**10商品中8商品が、こうなる前にストップした状況になっているというわけです。**

「郵便局だから大丈夫」ではない

年金というのは、みなさんの老後を支えるためにあるものです。

ですから、なるべく棄損しない堅実な運用が望まれます。

ところが変額年金保険というのは、株や為替や不動産価格などに左右される投資商品。ですから、運用がいいときはいいのですが、悪くなると一定のところで運用できなくなって「募集停止」ということになる。そんな経済変動の波を受けやすい商品なのです。


でも、こうした商品であるにもかかわらず、**「郵便局で売っているのだから大丈夫」**と思い込んでいる人が多いのです。

日本ではまだ、「郵便局で売っているなら堅実な商品だろう」という**郵便局神話**が数多く残っています。しかし、郵便局に申し込んで加入した年金であれば全部大丈夫などということはないことは、しっかり覚えておいてください。

変額年金保険は、加入後の手数料が高いので、加入者がなかなか増えないだけでなく、株価の下落や為替の変動などの経済変化をモロに受け、状況次第では引受保険会社自体が消滅する危険もあります。
こうしたときの最後のツケは、加入者であるみなさんが支払うことになります。
ですから細かい注意が必要なのです。

結論

「変額年金保険」は、年金が目減りする可能性があるので要注意。郵便局で売り出した商品の10本中8本が、運用損で「募集停止」になっています。

郵便局がつぶれたら貯金の全額は戻ってこない⁉

ゆうちょ銀行が、他の銀行と違うところは、**預けられるお金に限度額が設定されているということです。**でも、この預け入れ限度額は、徐々に引き上げられています。

ゆうちょ銀行の預け入れ限度額は、1000万円だと思っている人がまだ多くいるようです。でもその上限額は、2016年4月に300万円増えて1300万円に、2019年4月からは、2倍の2600万円になっています。

いままでは、すべて合わせて1300万円でしたが、2019年4月からは、通常貯金が1300万円まで、定期貯金が1300万円までの、合計2600万円になったのです。

でもなぜ、ゆうちょ銀行の貯金には、他の銀行にない「限度額」があるのでしょうか。

郵便局は「民業を圧迫」できない

ゆうちょ銀行は、郵政民営化をして株式会社となり、民間企業になったかのようなイメージがありますが、じつはその株の約9割を「日本郵政」が持ち、この日本郵政の株の約6割を「財務大臣」が持っています（2019年9月30日現在）。

つまり、過半数の株を政府が持っているわけですから、まだ**政府の紐つき**ということで、民営化したとはいえ民間の金融機関とは言えず、「預け入れ額に上限を設けなければ民業圧迫だ」、ということになってしまうのです。

でも本当に民業圧迫なら、限度額を引き上げれば民間の銀行がモーレツな抗議をしたことでしょう。

けれど銀行協会なども「民業圧迫」だと非難する共同声明を出しておきながら、いまひとつ強行な感じがしなかったのは、いま、民間銀行のほうには、あまり「預金」を持ってきてほしくない**裏事情**があるからです。

ゆうちょ銀行はこんなに運用できるのか？

マイナス金利政策が長引く中、民間銀行はいま、お金を持ってこられても運用できない状況になっています。

もちろん、中小の地域密着型の金融機関（地銀など）には、ボーナス時期の資金需要や地域の企業の設備投資などのニーズがあるので、お金を集めてもそれを貸し出し、運用できる環境が多少なりともあります。

けれど大手金融機関については、相手になる大手企業がしっかり内部留保金を持っているのでなかなか借りてくれない、だからといって、運用に回そうと思っても、低金利ゆえにリスクのない運用だと、運用するための経費も出ない。かといってリスクのある運用はしたくない……。ということで、預金そのものを持ってきてほしくないという事情があるのです。

こうした中で、ゆうちょ銀行が預け入れ限度額を上げてしまって、本当に運用できるのだろうか。わたしにはそんな不安があります。

ゆうちょ銀行が破綻したら

でも、そこは郵便局。なにかあったとしても「なんとかなるだろう」「郵便局なら安心だろう」と考えがちです。

けれど、もしも**ゆうちょ銀行が破綻**するようなことがあったなら、民営化後の預金については**守られるのは1000万円プラス利息だけ**、ということは覚えておかなければなりません。
昔に比べてたしかに預け入れの上限金額は上がりました。でも、なにかあったときの補償額は他の金融機関同様、郵便局も1000万円プラス利息に変わりないのです（詳細は第3章参照）。

結　論

もしゆうちょ銀行が破綻したら、最悪の場合、民営化後に預けたお金は、1000万円と利息までしか守られません。

第2章

郵便局はあぶない【かんぽ生命編】

「かんぽの保険」ここがあぶない!

「近くの郵便局で保険に入っているのだけれど、なんだか大変なことが起きているようで不安です」

こんなことを訴える人が増えています。

昨今の「かんぽ生命の不正販売問題」で、郵便局は大きく信頼を失いました。**保険を不正販売**し、**手数料を稼いでいた**のです。

2007年10月1日、それまで国営の法人だった日本郵政公社が民営化され、この日を境に郵便局は、国の管理の下から離れて**民間の会社**になり、以降はすべて**民**

間のルールで対応するようになりました。

これを機に郵便局の保険については「かんぽ生命」で取り扱われるようになったのですが、具体的には、かんぽ生命からグループ会社である日本郵便に手数料が支払われ、全国に2万局以上ある郵便局で販売されるようになりました。

そこで起こった、かんぽ生命の不正販売問題。

2020年3月31日に終了した約18万3000件の調査では、法律や社内ルールに違反した不正な販売が3033件、これに関わっていた郵便局員が2210人にも達していたことがわかりました。

被害にあった人の多くは高齢者で、中にはしょっちゅう顔を合わせている息子や娘のような郵便局員を信頼し、印鑑まで手渡して契約を任せた人もいたようです。

今回問題となっている不正販売には、主に**3つのケース**がありました。

みなさんは大丈夫か、一つひとつ見ていきましょう。

（1）保険料の二重払いをさせられた

顧客を古い保険から**新しい保険に乗り換え**させつつ、古い保険を半年以上解約させずに、古い保険と新しい保険の**保険料を二重に支払わせていた**というケースです。

通常なら、新しい保険に加入したらすぐ、古い保険の解約をするものですが、解約させずに半年以上加入させておくことで、郵便局員は個人の成績となる営業手当を2倍手にしていました。

なぜこんなことになったのかといえば、局員たちは厳しいノルマを背負う代わりに、「手当」をもらっていたからです。新しい契約を結んだとき、古い契約を解約させず6か月を超えてダブルで契約させ続けると、郵便局には**二重の保険料**が、郵便局員には**2倍の手当**が支払われていたのです。

払うほうはその間、2つの保険の保険料を支払っていますから、なにかあれば2倍の保障が出ます。でも、なにもなければ、ただただ必要のない保険料を払っていたことになります。

（2）無保険期間をつくられた

古い保険から新しい保険に入り直すことをすすめる際、古い保険をやめて4か月以上経ってから、新しい保険に加入させたというケースです。つまり**顧客は4か月無保険の状態になりますが**、こうすると局員が手にできる営業手当が2倍になるのでこの方法が頻繁にとられていました。ちなみに**この空白期間に保険が必要となる病気や事故にあった場合、加入者にはお金が出ない**ことになります。

（3）保険に入れなくなった

保険というのは加入時に健康でも、いったんやめて、その間に病気になってしま

かんぽの不正3つのケース

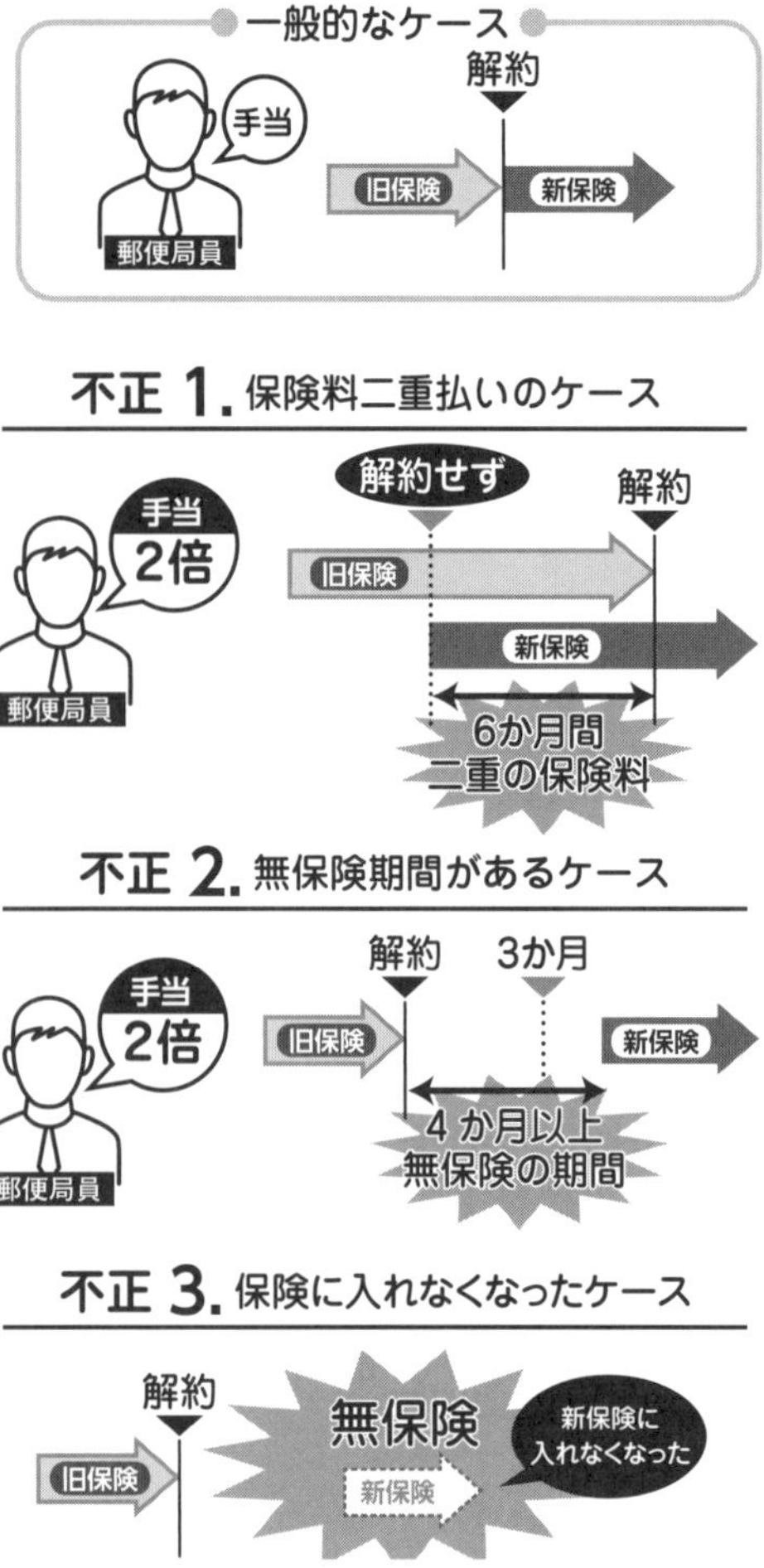

一般的なケース
手当
郵便局員
解約
旧保険
新保険
不正 1. 保険料二重払いのケース
手当 2倍
郵便局員
解約せず
解約
旧保険
新保険
6か月間
二重の保険料
不正 2. 無保険期間があるケース
手当 2倍
郵便局員
解約
3か月
旧保険
新保険
4 か月以上
無保険の期間
不正 3. 保険に入れなくなったケース
解約
旧保険
無保険
新保険
新保険に
入れなくなった

ったら、そのあと新たな保険に入ることができないことがほとんどです。

（2）のように無保険期間があっても、その後、再び保険に加入できれば問題は少ないですが、ここで次の保険に入れなかった人たちは、保険金も給付金も出ないことになりました。こうした問題も発生しました。

結論

かんぽ生命の保険の約16%でこうした不正が発覚しています。不安な人は、保険証券でダブりや空白をチェックしたり、保険料が引き落とされている郵便局の口座をチェックしたうえで、少しでも「おかしいな」と思ったら、「かんぽコールセンター」に電話するか、最寄りの郵便局に問い合わせましょう。カモにされているかもしれません。

【かんぽコールセンター　☎0120・552・950】

「かんぽの保険」はあわてて解約すると損をする

「不正販売」のニュースを聞いて、**「そんなに大変なことになっているなら、いま加入している郵便局の保険を早く解約しなくては」**と思った人もいることでしょう。

ただ、そう思っても、**あわてて解約してはいけません。**

いったん保険を解約すると、二度と同じ条件で加入できないからです。

郵便局では**「終身保険」「養老保険」「学資保険」**のような**貯蓄性のある保険**を多く売ってきました。こうした貯蓄性のある保険は、加入したときの運用利回り（予定利率）で最後まで運用されることが決まっています。その後どんなに金利が下が

運用利回り（予定利率）の推移

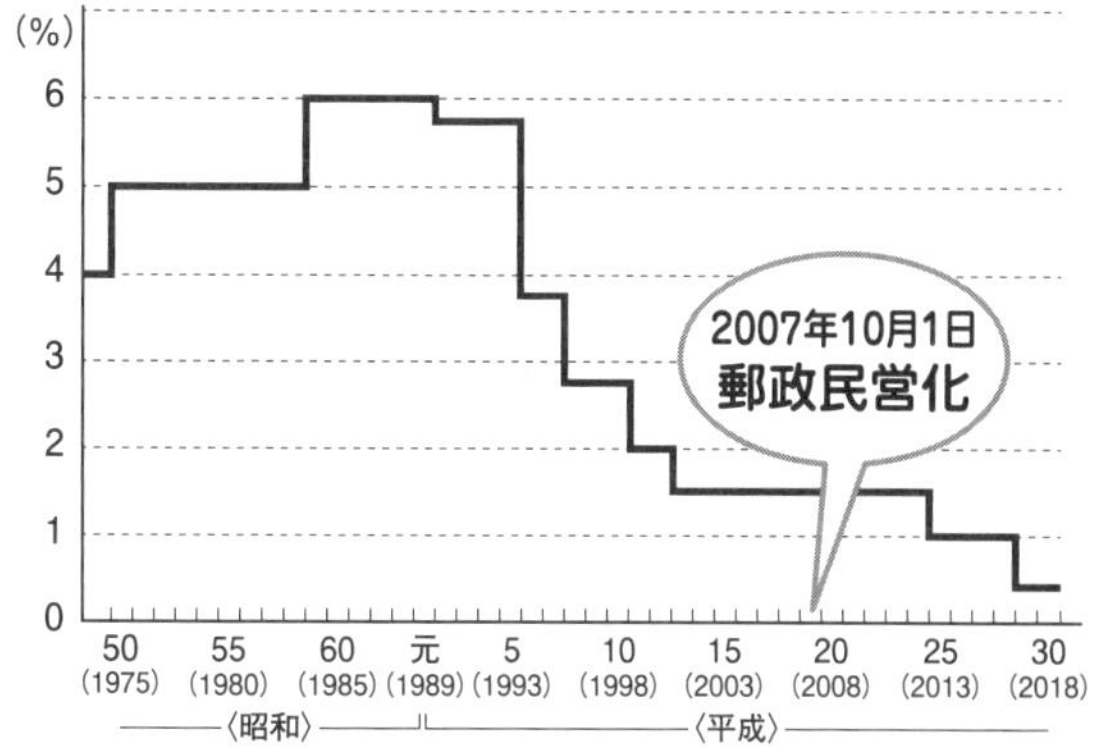

金融審議会

っても、保険の運用利回りは、入ったときに約束した利率で最後まで運用されるのです。

ですから**あわてて解約してしまうと、二度と同じ条件で保険に入れず、損をしてしまう**可能性があるのです。

保険の運用利回りは、加入したときによって違います（上図参照）。

バブルの頃には**6%**もの運用利回りがありました。

けれど今は**0・3%**ほどになっています。

たとえばバブルのときに、6%の運用利回りで加入した一生涯保障が続く貯蓄型保険（終身保険など）にいまも入り続けている人は、銀行の利息が0・001%であるいまも、保険の貯蓄部分は、なんと6%で運用され続けているのです。

一方、最近、保険に入った人は、保険の運用利回りは0・3%。

この金利で加入した人は、ちまたの金利が今後、3%、4%とどんどん上がっても、加入している保険の貯蓄部分の運用利回りは0・3%のまま変わりません。ですから、**運用利回りが高いときに加入した保険は、よほどのことがなければ、解約しないで入り続けたほうがおトク**です。

郵政民営化前に入った保険は解約するな

郵政民営化の前の郵便局の保険（当時は「簡易保険」という名前でした）には、貯蓄型でかつ、運用利回りが高いものが多くあります。しかもそれらは、運用利回りが高いのみならず、政府の保証が100パーセントついている（民営化前なので郵便局は国の管理下にあり、そのため100パーセント国から保証される）ので、これはもう**鬼に金棒**です。ですから民営化前、つまり**2007年10月1日より前に入った保険の解約は、慎重になったほうがいい**でしょう。

自分がいつ、どんな条件で加入したのか覚えていないという人は、**保険証券で確認**しましょう。保険証券を紛失してしまった場合でも、郵便局から送られてくる保険関係の書類には、加入年月日（契約日）が書いてあると思います（詳しい対処法は121ページ参照）。それがわかれば先の図から、運用利回りがいいときに入っているのか、あるいはよくないときに入っているかがわかるはずです。

「やっぱりやめたい！」と思ったら

なんとなくその場の雰囲気で保険を契約してしまったけれど、あとで考えたら本当に契約してよかったのか不安になった、ということが直近であった人は、申し込みから**8日以内**なら、契約の申込みを撤回できる「**クーリング・オフ**」という制度が使えます。

たとえば、4月5日が、「保険契約の申込み日」、あるいは「ご契約に関する注意事項（注意喚起情報）の受領日」だったら、4月12日までなら書面による通知で、契約を撤回できることになっています。郵送なら8日以内の消印があれば有効です。この場合、すでに保険料を払い込んでいたとしても、全額、返してもらえます。

結論

「不正販売」事件で保険をやめようと思った人も、運用利回りが高い時期に入っているなら、解約するのはもったいないかもしれません。しっかり確認してみましょう。

契約日の見つけ方

保険証券記号番号　04　56　2300090
保険契約者　かんぽ　太郎　様
被保険者　かんぽ　太郎　様
（男性　生年月日　1970年　4月　2日）
被保険者住所　千代田区
霞が関1丁目テスト用住所1－1

契約の内容
保険種類　普通養老保険（55歳満期）
契約日　2015年11月　1日
保険期間の満了日　2034年10月31日　（保険期間　19年）
先進医療特約の満了日　2028年10月31日（自動更新予定）
月額保険料　23，8[illegible]8円（窓口払込み）
保険料払込期間の終期　基本契約　2034年10月31日まで
特約（先進医療除く）2034年10月31日まで
先進医療特約　[illegible]028年10月31日まで
保険料の払込状況　2019年　9月分ま[illegible]払込済み
（最新の払込日　20[illegible]9年　9月　5日）

振込先口座
振込先口座のご指定をお勧めいたします。
振込先口座をご指定いただくと、改めてお手続きをす[illegible]となく、満期保険金、生存保険金等を指定口座で支払期日にお受取[illegible]だけます。
※契約者と保険金受取人が同じ方である場合に限ります[illegible]
※入院保険金、死亡保険金等についてはご請求手続きが[illegible]す。
※保険種類、ご契約の状態によってはご利用できない場合[illegible]ざいます。

主な保障内容
【基本契約の主な保障内容】
死亡保険金額
5，000，000　円
満期保険金額
5，000，000　円

【特約の主な保障内容】
特約の種類
災害特約　無配当総合医療特約Ｉ
無配当先医特約（無解返型）

事故・災害による死亡保険金	5，000，000円
疾病（病気）による入院保険金	1日につき　7，500円
傷害（けが）による入院保険金	1日につき　7，500円
入院初期保険金	入院1回につき37，500円
手術保険金（入院中）	150，000円
手術保険金（入院中以外）	37，500円
放射線治療保険金	75，000円
先進医療保険金	先進医療の技術料または1万円（通算300万円まで）

かんぽ生命

「不正販売」にあってしまった！　さてどうする？

不正販売事件を重く見て、かんぽ生命では、2019年7月から、1900万人を対象に、全契約についての調査を行いました。

でも調査のために送られた書類には、契約内容の確認が同封されていなかったうえに、2〜3の質問に答えてハガキを返送するだけのものでした。ですから他の郵便物に紛れて放りっぱなしになっている、という方もいらっしゃるかと思います。

ただこの書類は、契約が顧客の意向に沿っているなら「返信不要」になっているので、**放ったまま忘れていると「私の保険は大丈夫でした」と返事をしたことになってしまいます。**

こう聞くと、**「それは困る」**と思う方も多いでしょう。

ここでは、今回の「かんぽ不正販売」に自分が引っかかっていた場合、いったいどんなことが起きるのか。あるいは今後再び**「業務停止命令」**が出るようなことがあったら（日本郵政グループは、2020年1月1日から3月31日まで、業務停止命令が出されました）、どうしたらいいのかについて考えてみたいと思います。

結論からお伝えすると、かんぽ生命の保険に加入した結果、今回の「不正販売」に巻き込まれた保険については、契約状況に応じて契約を元に戻すなどの対処がなされる予定です。

ここではよくある疑問点や問題を次の3つに整理しました。

順に見ていきましょう。

(1)「業務停止」期間中に保険が満期を迎えたり入院したらどうなるの？

日本郵政グループでは、2020年3月25日時点で、法令違反と社内ルール違反が3033件あり、社員3850人が処分されています。そして業務停止命令が解除された2020年4月以降も営業を自粛しており、まだまだこの自粛状況は続きそうです。

でも結論から言うと、たとえかんぽ生命が今後また行政処分を受けたとしても、加入者には迷惑がかからないよう配慮されます。

ですからかんぽ生命や日本郵便の行政処分に関係なく、郵便局の窓口は通常通り営業しますし、最寄りの郵便局に行けば、満期についてもきちんと対応してくれます。同じく、入院したり死亡したりした場合も、入院給付金や死亡保険金が**平常通り支払われます。**

（2）「業務停止」になったらもうかんぽ生命の保険には入れないの？

郵便局の窓口で、かんぽ生命の保険に新たに入ることについては、私は正直おすすめしませんが、みなさんのたっての希望で「入りたい」ということなら、保険に加入することはできます。ただ、いままでかんぽ生命では、80歳以上の高齢者に対する勧誘のみを禁止していましたが、今回、多くの高齢者が不正販売で被害にあったことを重く見て、勧誘禁止を70歳以上に広げる予定です。ですから70歳以上の方の加入については、家族の同意があるときのみ可能ということになりそうです。

（3）「不正販売」にあった保険は元に戻してもらえるの？

現在、かんぽ生命は、調査対象となっている過去5年分（2014〜18年度）の契約に対して、元に戻せるかどうかの判断をし、戻せるようならその場合の解約返《へん》

かんぽ生命の契約復元状況

2020年1月28日時点

ご意向確認	対象人数（人）	12/18公表からの進捗（人）	12/18公表 対象人数（人）
契約復元等について、詳細説明をご希望されたお客様	47,447	1,985	45,462
契約復元等のご説明完了数	34,057	7,667	26,390
契約復元等が完了したお客様	20,994	6,239	14,755

日本郵政株式会社

戻金《れいきん》保険料の負担、病院でのカルテの保存期間などを総合的に考慮していく方針です。

２０２０年1月28日時点で、復元を希望した約5万件の契約のうち、約２万件の契約が復元を完了していますが、今後もまだ多くの方から申し出がある可能性もあり、今後についても申し出があったものに対しては、丁寧に対応する方針です。

ですから基本的には、**不正販売に巻き込まれたとしても、元の契約に戻してもらえる**ことになっています。

遅くなっても対応してもらえるはずなので、あわてず、不審な点があったら「かんぽコールセンター」に問い合わせてみましょう。

結論

不正販売されていたとしても、基本的には元に戻してもらえます。万が一、不都合なことがあれば、すぐに電話で確認しましょう。

【かんぽコールセンター　☎0120・552・950】

民営化前の「かんぽの保険」には「弱点」がある

郵政民営化の前の郵便局の保険（簡易保険）は、運用利回りが高いうえに、政府の保証が100パーセントついてくるというメリットがあることをお伝えしました。

でも、じつはこの保険には、他の保険にはない「**弱点**」もあります。

それは**保障内容を大きくしたり、特約を追加することができない**ことです。

民間の生命保険なら、「保障が少ないな」と思ったら、たとえば2000万円の死亡保障を3000万円に増額したり、「病気になったときのための医療保障をもっとつけたい」と思ったら、**特約**で必要な保障をつけることが可能です。

けれど**郵政民営化前の郵便局の保険は、保障を大きくしたり、特約の追加をすることができないのです。**

そこでここに目をつけた郵便局から、こういう人に「**もっと新しくて使い勝手のいい保険に変えませんか？**」という**勧誘**がくることがあります。でも忘れてならないのは、郵政民営化前の貯蓄型の保険は、運用利回りが高いうえに、政府の保証が100パーセントついている「鬼に金棒の保険」であるということです。ですから安易に乗り換えないほうがいい。ではどうすればいいのでしょうか。

掛け捨ての安い保険を追加しよう

次の図は、郵政民営化の前の「簡易保険」の契約数と、民営化のあと、民間企業になった「かんぽ生命」が契約した保険の数の推移をあらわしたものです。

かんぽ生命の保有契約の推移

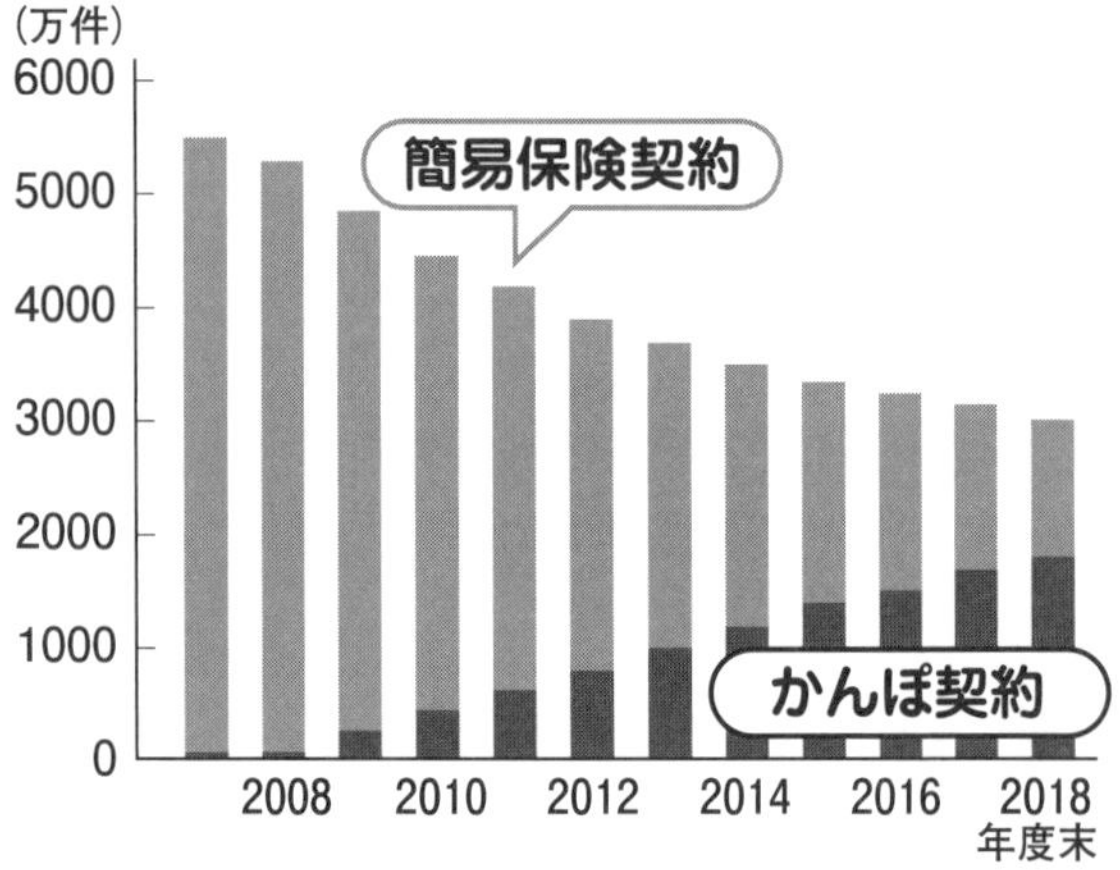

かんぽ生命

この図を見ると、民営化前の保険（簡易保険）が徐々に減っているのと逆に、かんぽの保険の契約が増えていることがわかります。

もちろん、簡易保険がだんだんと満期になって解約されている、ということもあるのでしょうが、それにしてもかなりの数が乗り換えられているようです（ちなみにこの乗り換えの際に、「保険料の二重徴収」や「無保険期間の発生」など、かんぽ不正販売に繋がる事件が起きていたと思われます）。

では、「もっと大きな保障にしたい」「もっといろんな機能がある保険にしたい」というときには、どうすればいいのでしょうか。

そんなときは、新しく**掛け捨ての安い保険に入る**のがおすすめです。たとえばインターネットで入れる保険（ネット保険）だと、保険料はぐんと安くなります。

前述したように、民営化の前の簡易保険は、保障を大きくしたり特約をつけたりすることはできません。けれど**保障を小さくすることは可能です**。必要があればここを調整して、足りない部分を掛け捨ての保険で補充する。これならおトクな保険を解約せずに強化することが可能です。

保険で貯蓄はもうできない

保険というのは「死んだらお金が出る」「病気で入院（通院）したらお金が出る」というものですから「保険に入っているから死なない」わけでも、「保険に入れば病気にならない」わけでもありません。イザというときお金に困らないために入るのですから、お金がなんとかなりそうだったら必要のないものです。

ですから、お金もないのに大きな保険に入ったり、心配だからと掛け捨ての保険をいくつも追加し、毎月、高額の保険料を払っていると、それだけで**「保険貧乏」**になってしまいます。病気もせずに長生きすると、じつは「保険料分を現金で積み立てておいたほうがよかった！」ということもありえます。なぜなら**長生きすると必要なのは、保険ではなく現金**だからです。

ただ人生100年時代に入ったいま、老後は誰だって心配です。

ですからよく「やっぱり個人年金だけは追加で入ったほうがトクかしら」と聞かれます。でも郵便局で個人年金に入っても、69ページにあるように運用利回りが低すぎて、老後までに増えません。

貯金なら1万円を預けると、将来、1万円を切ることはありませんが、個人年金にいま入ったら、運用利回り0・3%。しかも個人年金の場合、1万円の保険料から手数料や保障料が差し引かれるので、0・3%の運用では、いつまでたっても払った1万円にさえなりません。

利回りが6%だった時代には、保険で貯蓄が可能でした。でも、いまはそんなことはできません。**個人年金はこれから入ると損をします。**老後が心配なら、個人年金に入るより、がっちり現金を貯めたほうがいいでしょう。

ムダな保険は追加しないのが一番です。

結論

民営化の前に入った貯蓄型の保険を強化するなら、解約せずに必要な分だけ、新たに安い掛け捨ての保険に入るのがおすすめです。

※民営化の後のかんぽ生命の保険は保障を増やしたり特約をつけることが可能です。

「かんぽの保険」は「不払い」「乗り換え」にも要注意！

現在、かんぽ生命の不正販売については、5年分（2014〜18年度分）をさかのぼった調査が行われています。ですから、2014年以降にかんぽ生命の保険に加入した人には、なんらかの問い合わせがきているはずです。

5年としているのは、この期間に不正が多く起きたからですが、では**それ以前に加入した保険については放っておいても安心かといえば、決してそうは言い切れません。**

次の図は、民営化前の日本郵政公社時代（2003年4月〜2007年9月）、

日本郵政公社時代に不払いになった保険金

	件数	金額
保険金等を追加的にお支払いすることが確定した事案	251,562件	332億4,806万円
「追加支払」事案（お支払いが不足していた事案）	80,231件	71億1,457万円
「請求案内」事案（請求案内の結果、追加的にお支払いすることが確定した事案）	171,331件	261億3,349万円

独立行政法人郵便貯金・簡易生命保険管理機構
（簡易生命保険管理業務受託者）株式会社かんぽ生命保険

不払いになっていたことが判明した保険の件数と金額です。

その数なんと**約25万件**。

約３３２億円の保険が不払いになっていたことがわかりました。

これに対し日本郵政グループでは、山のように防止策を立てたのですが、民営化後にも同じような不払いが起きています。

かんぽ生命は「防止策をとった」と金融庁に報告し、「不払いはなくなった」と言っていたのですが、金融庁に苦情が多く寄せられることから調べてみたら、なんと2007年10月から12年10月までの5年間で、支払うべき**保険金約10万件、金額にして約100億円が不払い**になっていることもわかりました。

自分で請求しないと保険金はもらえない

こうした不払いは、本来なら支払われるべき保険金が郵便局側の不注意で支払われなかったということですから、社会的に大いに批判をあびました。

ただ、これとは別に、満期を知らずに請求し忘れ、保険金をもらえていないというケースもたくさんあります。

多くの場合、満期が近いと通知がくるので、「保険金のもらい忘れ」はないのではと思います。でも民営化前の郵便局には、本来なら満期の保険金が、請求がないため支払われず、山のように眠っています。

2019年9月末時点で、支払期日を1年以上過ぎているにもかかわらず、受け取られていない保険金は、なんと約1260億円にもなっています。

郵便局の簡易保険は大きな保険ではないので、人間関係で頼まれて加入すると、本人が加入していたことを忘れていたり、おじいちゃんやおばあちゃんが、孫のために学資保険に入ったものの、満期がくる前に他界してしまって、そのままというようなこともあるのかもしれません。

郵便局で満期を迎える保険には、運用利回りの高い時期に貯金代わりに入ったものも多いので、商品によっては、支払保険料の2倍弱まで増えているものもあります。

もし、自分が保険に入っていたような気がする、あるいは両親が入っていたような気がするという人は、貯金通帳を見てみましょう。そこに保険料引き落としの履歴があれば、最寄りの郵便局の窓口に行くか、「かんぽコールセンター ☎012

0-552-950」に問い合わせの電話をしてください。
思わぬおこづかいをゲットできるかもしれませんよ。

保険を乗り換えた人はとくに注意！

こうした請求忘れの例もあるので、かんぽ生命の保険に入っているなら、**2014年よりも前に加入している人でも、自分の保険を改めてチェックしたほうがいいでしょう。**

その他、チェックが必要なのは、**加入していた保険を乗り換えた人。**

でも中には、乗り換えたことを忘れている人もいるかもしれませんよね。そういう人は、次の図の5つの点をチェックして、「なんとなく最初に入った保険と変わっている」気がしたら、「かんぽコールセンター」に電話して、相談に乗ってもらうほうがいいでしょう。

こんな人はもう一度、保険をチェックしてみよう

- □ 「簡易保険」に加入していたはずなのに、「かんぽ生命」の保険になっている
- □ 満期に戻ってきたお金が、予想していたよりも少ない
- □ 支払う保険料が高くなった
- □ 保障が小さくなった
- □ 満期金が少なくなった

「簡易保険」が「かんぽ生命」に変わってませんか？

乗り換えをしたかどうかが一番わかりやすいのは、**自分は「簡易保険」に加入していたはずなのに、「かんぽ生命」の保険になっていた**というケースです。

２００７年９月30日までに、郵便局で保険に加入した人は**「簡易保険」**に加入しています。

一方、２００７年10月１日以降に加入

すると、全員「**かんぽ生命**」の保険になっているはずです（郵便局の窓口では、アフラックなど他の生命保険の商品も売っていますが）。

もし、**自分では認識していないのに保険が変わっていたら、乗り換えをさせられている可能性があります。**「おかしい」と思ったほうがいいでしょう。

20年以上前に貯金のつもりで加入した保険のはずなのに、満期で戻ってきたお金が予想していた額よりも少なかったら、途中で保険の乗り換えをさせられているかもしれません。

そんなときはまず、「運用利回り（予定利率）」を調べてください。20年以上前の保険の運用利回りは1・5％以上あるはずです。これが1％以下だったら、保険を乗り換えさせられた可能性があります。

加入した当初よりも、**支払う保険料が高くなった、保障が小さくなった、満期金が少なくなった**など、最初に入った保険がなんだか変わっていると感じたら、チェックの必要ありです。
不都合があれば、２０１４年以前の保険であっても対応してくれるはずですので、まずは自分が入っている保険をしっかり確認してください。

結　論

２０１４年より前に入っている保険でも、乗り換えでじつは保険料を二重払いしていたなどの損をしている可能性もあります。自分の保険が、入ったときとなんだか変わった気がするという人は、すぐに電話で確認しましょう。

【かんぽコールセンター　☎０１２０・５５２・９５０】

「親の保険」ここがあぶない！
——証券・預金通帳のチェックのしかた

自分ではなく、**親が郵便局の簡易保険に加入していた**という人も、少なくないと思います。

もし親が「郵便局の保険に入った」と言っているなら、保険証券を見せてもらいましょう。とくに親が高齢な場合は、**もしかしたら今回の「不正販売」で、保険の乗り換えをさせられているかもしれません。**

このとき保険証券があれば、どんな保険に入っていたかがすぐわかりますが、問題なのは、保険証券を紛失しているケースです。また、認知障害のある方の場合、自分でお金の管理ができなくなっている場合もあるので、そうしたときには**過去の**

貯金通帳をチェックしてあげてください。

過去に郵便局から生命保険料（簡易保険料）が引き落としになっていたら、郵便局の保険に入っていたということですから、その保険がいまどうなっているかを、郵便局で聞いてみるといいでしょう。**加入が最近のことだったら、今回の「不正販売」の対象かもしれません。**

親の通帳をチェックしよう

繰り返しになりますが、かんぽ生命の不正販売では、「保険料の二重払い」をさせられていたり、「乗り換えで次の保険に入れなかった」ということが発生しました。

親の貯金通帳を見たとき、ある時期、**保険料の支払い額が急に増え、それが半年くらい続いていたら「保険料の二重払い」の可能性**があります。

一方、**それまでずっと保険料を支払っていたのに、数年前に保険料の支払いがなくなっていたら**、「乗り換えの際、健康状態が悪くて、次の保険の審査に通らなかった可能性（そのため現在は無保険になっている疑い）」があります。

保険の加入には「習慣性」があります。ですから長い間、入り続けていたのに、急にその保険をやめているとしたら、そこには「理由」があるはずです。

一番大きな理由は、お金に困ってやめるというケースですが、悠々自適の年金暮らしで、お金に困っているようには見えない親が保険をやめていたとしたら、保険を乗り換えさせられたけれど、健康面の問題で次の保険に入れず、無保険になってしまっているかもしれません。

親の預金通帳にこのような不審点があったら、最寄りの郵便局か、「かんぽコールセンター」に問い合わせをしてみましょう。保険を復元してくれるかもしれません。

親が亡くなったらどうなるか

親がずっと長いあいだ簡易保険に加入していて、他界した場合、簡易保険から死亡保険金が出ますが、じつは郵便局の保険の場合、**「死亡保険金」だけでなく「特約還付金」というお金が出る**ケースもあります。

特約還付金というのは、簡易生命保険独自のもの。

郵便局の簡易保険は、基本的には一生涯の保障をする「主契約」と、それとは別にお金を積み立てていく「特約」を付加する契約があります。後者の特約も終身なので、この特約がついていると、簡易保険に加入している間は貯蓄もセットで行われることになります。

加入者はこの2つをセットで払っていくのですが、本人が死亡した場合、受取人はこの特約部分を、特約還付金として受け取れる可能性があるのです。

「特約還付金」には税金がかかる

たとえば母親が、子どもを受取人として、「死亡保険金」300万円、「特約還付金」100万円を遺して他界したとします。この場合、死亡保険金には生命保険の控除が使えますが、特約還付金には控除が使えません。

死亡保険金は、500万円×法定相続人の数まで非課税になります。ですから、母親の死後、受け取った300万円の死亡保険金は、（この500万円の枠内なので）非課税になります。

でも、100万円の特約還付金は、保険金としてではなく、課税財産として扱われます。仮に母親が5000万円の財産を残したとしたら、この5000万円に特約還付金が加えられ、相続税が計算されます。

これについては、郵便局の窓口や「かんぽコールセンター」で聞いても詳しい人がいるかは疑問。**税務署に聞くほうがいいでしょう。**

結論

親の保険が心配なら、親の通帳を見せてもらって「不正販売」の被害にあっていないかをチェックしましょう。また、死後に「死亡保険金」のほか「特約還付金」があったら、税金面で気をつけましょう。

保険料が支払えないと2か月後には失効する

新型コロナウイルスの影響で、収入がなくなり、加入している**保険の保険料が支払えない**という人もいるかもしれません。でも、保険を解約してしまえば、出費はそのぶん減りますが、病気になったときが心配です。

保険料は通常、払えなくなっても1か月の猶予があります。

でも、その間に払えないと、保険が失効して効力を失うか、保険料の自動振替貸付を受けることになります。

たとえば、4月1日に契約し、5月10日に次の月の保険料を支払わなくてはなら

保険料の支払い猶予期間

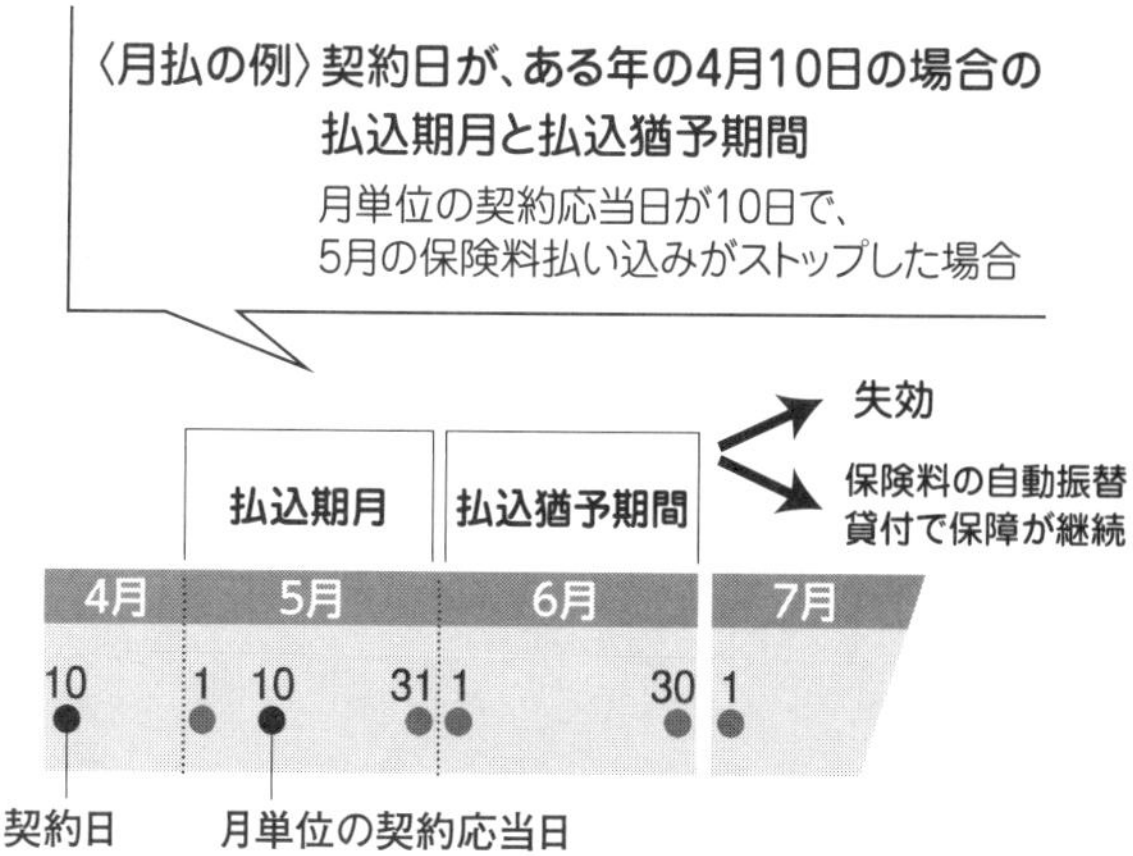

公益財団法人　生命保険文化センター

ない保険があったとします。この場合5月、6月に保険料が払えないと、7月1日には保険契約がないことになって（失効して）しまいます。

保険料の支払いが猶予される方法がある

そこで生命保険の保険料は、払えなくなったときのための**特別措置**が出ています。

たとえば、解約すれば解約返戻金が戻ってくるようなタイプの保険については、これを担保に貸付を受けるかたちで、保険を継続することができます。

その他、「新型コロナウイルスの影響で収入がなくなってしまった」という人の場合は、猶予期間が元々の3か月から最長6か月間延長されます。

保険でお金が借りられる？

貯蓄性のある保険の場合、解約すればお金が戻ってきます。

ですから収入が激減したら解約できると助かります。

でもその代わりに、病気になったり大黒柱が死亡しても、給付金や保険金が出なくなります。

また、郵便局の簡易保険の場合は、先述した通り、運用利回りがいい時期に入っている人もいるので、ピンチだからと解約するともったいないこともあります。

そういうときは「貯蓄型」の保険を担保に、お金を借りたほうがいいかもしれません。

生命保険には、**「契約者貸付」**という制度があって、保険を解約したときに戻ってくるお金を担保にお金を借りることができるのです。

借りられるお金の上限は保険会社によって違いますが、およそ7〜8割。

たとえば、解約したら50万円が戻ってくる保険の場合、契約者貸付にすれば40万円借りられるということです（8割まで借りられるというケースの場合）。

しかもこの貸付金利は、新型コロナウイルスで打撃を受けている場合には、**無利子**になります。また、通常だと面倒な手続きもあるのですが、コロナ禍においてはすぐに借りられるように手続きも簡略化されています。

医療保険から給付金が出る

医療保険は、通常、入院（通院）しないともらえません。

ですから本来なら、入院せずに自宅療養している人に給付金は出ません。

ただ、新型コロナウイルスに関しては、症状が軽い人は自宅待機することになっていたり、入院していても、病院の都合で、ベッドをあけなくてはならないという状況があります。


そこで新型コロナウイルスで自宅療養している人には、医師からの証明書があれば「みなし入院」ということで、**給付金が支払われる**ことになりました。

ちなみにPCR検査をする場合、通常は保険適用で3割負担ですが、新型コロナウイルスに関しては、公費で負担してくれることになったので、自己負担はありません。

結　論

新型コロナウイルスのために、仕事がなくなり、収入が減って保険を解約しなくてはならなくなったら、支払い猶予について聞いてみましょう（最長6か月間の猶予延長が可能）。また、保険を解約する前に、解約返戻金を元にお金が借りられないかも聞いてみましょう。無利子で借りられる可能性があります。

第3章

「もしも」のときに備えよう

郵便局は「破綻」もありうる

思いもかけない新型コロナウイルスの流行に、経済が振り回されています。
感染力が衰えても、行動制限で傷ついた経済は、一朝一夕に回復しそうにありません。個人についてもテレワークで残業代が激減し、それればかりでなくリストラされたり、会社が倒産してしまったり……。

加えて**これから心配なのが「金融機関の破綻」**です。
とくに「かんぽ生命の不正販売」や「投資信託の不適切販売」で先が見えない郵便局は、新型コロナウイルスの影響も重なり、今後も**問題が山積み**です。

でも、窓口で預けた「ゆうちょ銀行」の貯金や、加入した「かんぽ生命」の保険については、**「国がバックについているから、イザというときも大丈夫！」**と思っている方も多いかもしれません。

けれど、郵便局に預けたものが、すべて国から守られるわけではありません。

お伝えしている通り、2007年10月1日、それまで国営だった日本郵政公社は、この日を境に民営化されました。

その結果、郵便局は「日本郵政」「日本郵便」「ゆうちょ銀行」「かんぽ生命」という**4つの民間会社**にわかれ、以降はすべて**民間のルールで処理**されるようになっています。ですから**「倒産」も「破綻」もゼロではない**ということです。

破綻したらどうなるの？

郵便局の貯金や保険は、郵政民営化を境に取り扱いが大きく変わりました。

郵政民営化の前、つまり**2007年9月30日までに預けた貯金や、加入ずみの保険は、郵便局がまだ国営のときに預けられたものですから、すべて国に保護されます。**このときの「貯金」「保険」は、郵政管理・支援機構（独立行政法人　郵便貯金簡易生命保険管理・郵便局ネットワーク支援機構）によって管理され、**イザというときも100パーセント、国が守ってくれることになっています**（ただし29ページ〜の例を除く）。

郵政民営化後の貯金はどうなるか？

では、郵政民営化後はどうかといえば、ここから先は民間のルールで処理されますから、万が一、郵便局が破綻したら、一部カットされる可能性が出てきます。

一般的に、金融機関が破綻すると、「貯金」や「預金」はその一部がカットされ、破綻処理されていきます。

ただ、基本的に貯金や預金は、預金保険機構の「預金保険制度」に加入している金融機関であれば、破綻しても預金者**1人あたり元本1000万円＋その利息分は保護**されることになっています（これを「**ペイオフ**」といいます）。ゆうちょ銀行もこれに加入していますので、破綻したとしても預けた預貯金のうち、この額までは全額戻してもらえます。

たとえば、2000万円貯金している人がいたとしましょう。

この場合、1000万円とその利息までは、郵便局が破綻をしても「預金保険制度」から戻してもらえます。

では、残りの1000万円は戻ってこないのかといえば、そうとは限りません。

万が一、郵便局が破綻したら、債務などの破綻処理が行われたあと、残った額はみなさんの貯金額に応じて按分され、払い戻されることになっています（ただし、こうした民間のルールで処理すると、あまりにも社会に与える影響が大きいと思われ

「預金保険制度」対象となる預金の範囲

預金等の分類			保護の範囲
預金保険制度の対象預金等	決済用預金	当座預金・利息の付かない普通預金　等	全額保護
	一般預金等	利息の付く普通預金・定期預金・定期積金・元本補てん契約のある金銭信託（ビッグ等の貸付信託を含む）　等	金融機関ごとに預金者一人当たり、元本1,000万円までと破綻日までの利息等が保護
預金保険制度の対象外預金等		外貨預金、譲渡性預金、無記名預金、架空名義の預金、他人名義の預金（借名預金）、金融債（募集債及び保護預り契約が終了したもの）　等	保護対象外

金融庁

た場合については、100パーセント守られるケースもあります）。

郵便局の貯金はすべて保護対象

ちなみに「預金保険制度」で守られるのは上の図の商品です。

つまり守られないのは「外貨預金」や「譲渡性預金（CD）」などなのですが、郵便局ではこれを扱っていないので、民営化後もすべての貯金が1000万円とその利息まで、保護対象になることになります。

では**「振替口座」**はどうでしょう。

振替口座とは、商品代金の決済や会費の集金、配当や返還金の送金など送金決済で使われる口座ですが、ここに入っているお金も、**（無利子ですが）全額守られます。**

ただ、郵便局に何口も口座を持っている人は**「名寄せ」**（破綻した金融機関に1人の人が複数の口座を持っている場合、これを合算したうえで保護される金額の総額が決まる）をしなくてはならないので、破綻後すぐすべてのお金を引き出すのは難しいかもしれません。その点はご注意ください。

結論

郵便局は今後破綻もありえます。ただし破綻した場合でも、民営化後に預けたお金は、基本、1人「1000万円＋利息」まで守られます。

郵便局が破綻したら「かんぽの保険」はどうなるの？

不正販売が多発したことで、「かんぽ生命」の新規保険販売は、2020年1月1日から3月31日まで、**業務停止**で一切売れなくなりました。これ以降、**自粛**が続いている状況です。

ただ生命保険は長期契約するものなので、なにかあっても保険金が支払えるよう、あらかじめお金が積み立てられています。

ですからかんぽ生命も、多少のことでは、通常、「破綻」には至りません（ただしバブル期には、株や土地への投資が焦げつき、予期せぬ破綻が起きた保険会社もありましたから、万が一、ということはありえます）。

いつ保険に加入したかを確認しよう

この、万が一を考えたとき、郵便局で加入している保険については、**加入時期によって破綻の際の扱いが変わる可能性があることだけは**、知っておいたほうがいいでしょう。

民営化の前に郵便局で加入した保険については、先にお伝えした通り、満期まで100パーセント保護されます。一方、民営化後に郵便局で加入した保険については、万が一、かんぽ生命が破綻したら、損失やペナルティが発生する可能性があります。どのようなペナルティかといえば、大きく2つ。

「将来もらえるお金（責任準備金）がカットされるケース」と、**「保険の運用利回り（予定利率）が下げられるケース」**です。

この両方が行われることもあります。

破綻した場合の責任準備金の削減率

〈過去の事例〉

破綻した生命保険会社	破綻年月	責任準備金の削減率
日産生命保険相互会社	1997年 4月	なし
東邦生命保険相互会社	1999年 6月	10%
第百生命保険相互会社	2000年 5月	10%
大正生命保険株式会社	2000年 8月	10%
千代田生命保険相互会社	2000年10月	10%
協栄生命保険株式会社	2000年10月	8%
東京生命保険相互会社	2001年 3月	なし

金融審議会資料

破綻の際の損失は？

上の図は、過去に破綻した民間の生命保険会社の商品が、どれくらいのペナルティを出したかをまとめたものです（ペナルティは保険によって異なり、ペナルティがないケースもあります）。

定期保険などのいわゆる「掛け捨て」の保険には、積み立て部分がほとんどないので、それほど恐れる必要はありません。しかし、**終身保険**

や養老保険、学資保険、個人年金（確定給付型）など、いわゆる「貯蓄型の保険」には、積み立て部分が多いものもあるので、ペナルティが発生する可能性がゼロではありません。

ただ、破綻した場合の積み立て部分のカットについては、かんぽ生命を含め、すべての保険会社で最大でも10％にすることが保険業法等で定められています。

保険の運用利回りはどうなるか？

生命保険会社が破綻しても、「保障」そのものは加入し続けているあいだ変わりません。でも**保険の運用利回り（予定利率）は下がる**可能性が出てきます。

みなさんが払った保険料は、保険の支払いが必要になるまで、あらかじめ約束された利回りで運用されます。この利回りは、どんなに世の中が低金利になったとしても、加入時のまま、最後まで同じ率で運用されることが約束されています。

たとえばバブルのときに加入して、更新せず入り続けている保険なら、いまのこの低金利の時代でも、5％以上の高い利回りで運用されていることになります（ちなみに、いまの保険の運用利回りは約0・3％）。でもこうした保険に加入する顧客を多く持つ保険会社が破綻するとどうなるか？

一般的に私たちが保険に入る目的は、①イザというときに保険金や給付金をもらう、②解約したとき解約返戻金をもらう、③満期の際に満期返戻金をもらう、などだと思います。ですからこうしたお金はしかるべきときに、しっかりみなさんに返せるよう、保険会社はあらかじめ、みなさんの保険料からこの分を積み立てているはずです。

にもかかわらず破綻をしたら、その場合は「生命保険契約者保護機構」というところが受け皿になったり、他の保険会社が契約を引き継ぐことになっています。

その際、「契約時の高い利回りを最後まで続けるのは難しい」という判断があっ

破綻した場合の引下げ後の予定利率

〈過去の事例〉

破綻した生命保険会社	破綻年月	引下げ後の予定利率
日産生命保険相互会社	1997年 4月	2.75%
東邦生命保険相互会社	1999年 6月	1.50%
第百生命保険相互会社	2000年 5月	1.00%
大正生命保険株式会社	2000年 8月	1.00%
千代田生命保険相互会社	2000年10月	1.50%
協栄生命保険株式会社	2000年10月	1.75%
東京生命保険相互会社	2001年 3月	2.60%

金融審議会資料

た場合には、最初に約束された運用利回りが下げられる可能性があります。

上の図は、過去に破綻した民間の生命保険会社の保険が、どれくらいまで運用利回りを下げたかをまとめたものです。

中には5％以上の利回りを約束していたのに、1％に下がった保険もありました。

ただ、かんぽ生命の加入者の場合は、それほど大きく利回りが下がることはないでしょう。

なぜなら、民営化の前の2007年

9月30日までに入った保険は国によってすべて守られますし、2007年10月1日以降に加入した保険については、運用利回りがそもそも1・5%とそれほど高くなく、下がったとしてもそれによって受ける影響はそれほど大きくないからです。

結論

「かんぽ生命」が破綻しても、保険の「保障」はそのまま守られます。ただし将来的に戻ってくるお金は、少し目減りする可能性があります。これから保険に加入する人は「掛け捨て」にして、貯蓄は他の手段でしたほうがいいでしょう。

「保険証券」を紛失したら

ところで郵便局の保険に加入していたものの、**保険証券を紛失してしまったら、**イザというとき保険金は出ないのでしょうか？　昔に入ったので「**どこかにしまったまま紛失してしまった！**」と心配している人も多いでしょう。

でも、心配はいりません。

「保険証券」の再発行は、確認のための時間が多少かかるケースもありますが、郵便局の窓口で、**再発行してもらうことが可能**です。

必要なのは「再発行したい保険証券の記号番号（保険番号）」「印鑑」「契約者本

人が確認できる本人確認書類」です。

ただ、「保険証券を紛失したのに、記号番号を覚えている」なんてことは考えにくいと思います。本来なら保険の記号番号は、メモなどで控えておくべきですが、そうしていない人も多いでしょう。

そういう人は、**毎年送られてくる「保険料払込証明書」**を見てみてください。

会社員の方だと、年末調整のとき、この証明書を会社に提出するので、見たことがあると思います。自営業者の方も、確定申告の際、必要な書類なので、見ていると思います。

保険会社からは、「保険料払込証明書」だけでなく、保険についての各種の案内書や新しい保険の見積もり提案なども送られてきます。こうしたものをチェックすると、自分の記号番号が書かれていることが多いので、これらの郵便物もチェックするといいでしょう。

代理人でも手続きできる

本人が高齢で判断力がなくなったり、ケガなどで郵便局の窓口に行くことができないといった場合は、**代理人が手続きすることもできます。**

代理人が手続きする場合は、前述の「記号番号」「印鑑」「本人確認書」のほかに、「保険契約者本人の意思確認書類」「委任状」「代理人の本人確認ができる書類」「代理人の印鑑」が必要です。

本人が他界し、遺族が保険金を受け取る場合には、「死亡証明書」や「被保険者の住民票（除票）」または「戸籍抄（謄）本」が必要です。

この場合、「保険契約者と受取人のマイナンバー」も必要です。

その他、亡くなる前に入院されている場合の保険金や、学資保険、夫婦保険の保険金などを遺族が受け取る場合は、別に書類が必要なので、詳しくは最寄りの郵便局で聞いてください。

結論

「保険証券」を紛失しても再発行が可能です。保険の証券番号を知るには、送られてくる各種郵便物が手がかりになります。

郵便局が破綻したら「投資信託」はどうなるの？

郵便局では、**「投資信託」**や**「変額年金保険」**などの**投資商品**も売っています。

最近、とくに増えているのは、投資信託を組み合わせて買う「つみたてＮＩＳＡ」や「ｉＤｅＣｏ」など手軽な「積立投資」です（なぜなら国が奨励しているからです）。

ただ**投資商品にはリスクがあります。**ですから、増えるかもしれないけれど、目減りするリスクもある。そのリスクは、買った人が負わなくてはなりません。

でもここではそうしたリスクとは別に、**郵便局が破綻したときのリスク**についても考えてみたいと思います。

「投資信託」には破綻リスクはない

「投資信託」は販売している郵便局が破綻しても、破綻リスクはありません。

なぜなら投資信託は、信託銀行が管理しているからです。

投資信託には、「投資信託を売る会社」と「つくって運用する会社」と「管理する会社」が関わっています。そこでそれぞれが破綻した場合を見てみましょう。

「投資信託を売る会社」が破綻したら

郵便局は「投資信託を売る会社」です。ですから郵便局が破綻しても、別の会社が販売の窓口となって売り買いを続けられるので、問題ありません。

「つくって運用する会社」が破綻したら

投資信託をつくったり、その運用を指示する会社は、実際に運用している商品を持っているわけではありません。ただし、破綻をしたら運用ができなくなるので、「繰り上げ償還」といって、期日がくる前に運用を打ち切って、お金をみなさんに返してくる可能性があります。その場合、投資信託に投じたお金は、**時価で戻ってくる**ことになります。

「管理する会社」が破綻したら

投資信託は「信託銀行」が保管していますが、この信託銀行が破綻しても、預けてある投資信託は、自行で管理する財産とは別に管理されている（分別管理）ので**契約者は無傷**です。投資家には**破綻時点の価格で解約されてお金が戻る**か、あるいは他の信託銀行に引き継がれ、そのまま「投資」を続けられることになります。

以上のように、投資信託は破綻の影響を受けません。

ただ投資商品である限り、減ったり増えたりするリスクは、破綻のリスクと別にあることは、しっかり覚えておきましょう。

結　論

「投資信託」は、郵便局が破綻しても、影響は受けません。ただし投資商品なので、運用で目減りするリスクは別にあります。

郵便局が破綻したら「変額年金保険」はどうなるの？

かんぽ生命で入った保険は、かんぽ生命が破綻したら、その一部がカットされる可能性があります（114ページ参照）。

一方、「変額年金保険」は、投資信託同様、**郵便局が破綻しても、みなさんは影響を受けません。**商品をつくって管理するのはかんぽ生命ではない生命保険会社だからです。では、変額年金保険をつくって管理している生命保険会社が破綻したら、どうなるでしょうか。

ゆうちょ銀行が売っている変額年金保険は、万が一、ゆうちょ銀行が破綻したら、「保険契約者保護機構制度」で保護されます。

売っているのは「銀行」ですが、みなさんが加入しているのは「生命保険会社」の商品だからです。

ですから**ゆうちょ銀行が破綻してもみなさんは影響を受けません**。けれどこの生命保険会社が破綻したら、保険の破綻処理で一部がカットされる可能性はあります。

ちなみに日本の変額年金保険の草分け的存在だった「ハートフォード生命」が2015年に「オリックス生命」に吸収合併されてなくなったとき、ハートフォード生命に加入していた人の保険はそのままオリックス生命に引き継がれました。

ただし、変額年金保険は、先述した通り、商品そのものに大きなリスクがありますので、これについては改めて別途覚えておきましょう（50ページ参照）。

結論

変額年金保険は、ゆうちょ銀行が破綻しても、それをつくった保険会社が健全であれば影響は受けません。保険会社が破綻した場合は、一部カットの可能性があります。

郵便局が破綻したら「郵便局の株」はどうなるの？

郵便局で扱っている金融商品ではありませんが、民営化された「日本郵政」「ゆうちょ銀行」「かんぽ生命」の**株**を買って、現在、**大損**している人もいることでしょう。

株価がすでに**売り出し価格の6割**程度になってしまっているからです（！）

「日本郵政」「ゆうちょ銀行」「かんぽ生命」、3社の個人株主の比率を見ると、3社とも約2割ほどとなっています。

なぜ、こんなにたくさんの個人がこれらの株を買っているのかといえば、「**郵便**

局は破綻しない」という郵便局神話があることと、3社とも高い配当を出していたことが大きいでしょう。

たとえば、日本郵政は株価900円前後に対して予定年間配当が50円でした。つまり**年間の配当利回りだけを見ると約5・5%**と、低金利の中でとんでもなく高金利な運用商品であったのです。

ただこの高配当も、株が下落していることで帳消しになっているはずですし、今後、経営状況が苦しくなる中、いまのような高配当が続けられるかといえば、それは難しいと言えるでしょう。

株は「紙きれ」になる可能性がある

2007年9月30日まで、郵便局は国営でしたから、破綻することはありませんでした。けれど、2007年10月1日の民営化以降は、民間の金融機関同様、破綻リスクを抱えることになりました。

「ゆうちょ銀行」「かんぽ生命」のホームページを見ても、**会社が破綻したときに預けていた金融商品がどうなるのかということは詳細に書かれています。**ですから、民営化の前のように、破綻する可能性が「ゼロ」というわけではないことは、改めて意識してください。

これは大株主である政府の意向にもよりますが、郵便局が破綻し**再び国有化されたとしたら、株の価値は「ゼロ」になるかもしれません。**

ここで参考になるのが、過去に経営破綻した「足利銀行」と「りそな銀行」のケースです。

2003年、足利銀行が破綻したとき、預金保険法第102条第3号に基づき、足利銀行は「特別危機管理銀行」となり、一時、国有化されました。その結果、国の管理下に置かれたので、すでに発行している足利銀行の株の価値は**「ゼロ」**になりました。

一方で、同じく2003年、総額1兆9600億円の公的資金を注入された「りそな銀行」は、預金保険法102条1号が適用されたため、銀行はそのまま存続し、株主もそのままでした。

「日本郵政」「ゆうちょ銀行」「かんぽ生命」は、現状、実質的には国有企業。株を完全売却して一般的な金融機関となることは難しいでしょうから、万が一のときは政府の判断に託されることになると思います。

将来性などへの不安から郵便局の株については、**プロは積極的に買っていないと**いうことは、心にとめたほうがいいでしょう。

結論

高配当で人気の郵便局の株。ただ、株価が下がり続けていることと、実質国営企業なので、プロはあまり手を出しません。「破綻」したらどうなるかは、国次第ということになるでしょう。

第4章

郵便局はおトクに使おう

郵便局の「ユニバーサルサービス」は使わないと損！

ここまでは郵便局のマイナス面をお伝えしてきました。

でも郵便局にはいい面ももちろんあります。

この章では郵便局の**おトクなサービス**についてもお伝えしていきたいと思います。

郵便局は賢く使って、あなたのお金を守りましょう。

郵便局は「全国一律」「同一料金」

郵便局の強みはなんといっても、どんな過疎地、どんな離島であっても、全国津々浦々にあり、**「ユニバーサルサービス」**を提供している、ということです。

「ユニバーサルサービス」とは、**全国どこにいても、誰もが等しく受けられるサービスのこと**です。日本の場合、「公的な医療」「福祉」「介護」「教育」をはじめ、「電気」「ガス」「水道」といった生活インフラに関するサービスがこれに含まれます。

郵便局のサービスも、ユニバーサルサービスに該当するわけですが、郵便局のサービスは、電気、ガス、水道などと違って、**地域による差がほとんどありません**（日本は電気やガス、水道などのサービスを、どこでも使えるようにはなっていますが、料金は地域や扱っている会社によって異なります）。

たとえば現在、電気、ガスは、ユニバーサルサービスではありますが、「電力の自由化」「ガスの自由化」で、電力会社やガス会社の地域独占が崩れ、いままで

水道料金の格差

水道料金が高い自治体		
1	夕張市（北海道）	6,841円
2	深浦町（青森県）	6,588円
3	由仁町（北海道）	6,379円
4	羅臼町（北海道）	6,360円
5	江差町（北海道）	6,264円

水道料金が低い自治体		
1	赤穂市（兵庫県）	853円
2	富士河口湖町（山梨県）	985円
3	長泉町（静岡県）	1,120円
4	小山町（静岡県）	1,130円
5	白浜町（和歌山県）	1,155円

※日本水道協会調べ・平成28年4月1日・家庭用20立方メートルあたり

「電気」や「ガス」を扱っていなかった企業も、業界に進出できるようになりました。その結果、料金やサービスに差が出るようになっています。

また水道は、水道法の改正で民営化されることになりましたが、管轄しているのはいまのところ自治体。ところが、自治体が運営しているにもかかわらず、料金で比較すると、上の図のように高いところと安いところで、なんと約8倍の差があります。

それに比べて郵便局のサービスは、料金も全国一律のユニバーサルサービスです。

どんな限界集落にも、船で往復すると1日かかる離島にも、**「ハガキ」は63円、「封書」は84円（少し重くても50g以内なら94円）**で届けられます。

おトクなのは郵便だけじゃない

郵便局は2007年10月1日に民営化され、「日本郵政公社」から「株式会社」になったわけですが、郵便局が他の民間の株式会社と違うのは、このユニバーサルサービスが、「日本郵便」による郵便の配達のみならず、「ゆうちょ銀行」による貯金や投資信託の販売、「かんぽ生命」による保険の販売についても、全国一律、同額で提供されることが法律で義務づけられているということです。

つまりわたしたちは、**郵便局で配達サービスを受けられるのみならず、保険に入ったり、貯金をしたり、投資信託を買ったりすることも、全国一律、同料金ででき**

るわけです。

「全国一律」「同額」なのは郵便局ならでは

このユニバーサルサービスを維持するために、現在、郵便局の局数は、これ以上減らさないことになっています。

ただそのための郵便局の運営には、「局長1人」「郵便局員1人」であったとしても、1店舗、年間2500万円ほどかかると言われています。

でも、過疎地にある郵便局では、当然ながら利用する人も少なく、年間2500万円もの収益を上げるのは不可能です（事実、会計検査院の調べでは、郵便局の4割の集配エリアが赤字になっているそうです）。

ですから多くの経費がかかるその一方で、当然ながら赤字になる郵便局もたくさんあります。それでも全国どこでも、均一な、ユニバーサルサービスが維持できるのは、元国営だった郵便局ならではです。このサービスを利用しない手はありません。

結論

郵便局のサービスはユニバーサルサービス。全国均一料金なので、とてもおトクなサービスなのです。

365日、手数料無料

郵便局が便利なのは、**ＡＴＭが全国に約３万台**あって、どこに行っても郵便局のＡＴＭなら、**無料でお金が引き出せる**ということです。

もちろんいまは、都市銀行も地方銀行も、キャッシュカードで全国どこでも、お金を引き出すことは可能です。

でも銀行のＡＴＭは、時間帯によっては、「早朝夜間は1回１１０円」など、手数料を取られるところが多いですし、また、都市銀行は「都市」にしか自行のＡＴＭがなく、地方銀行は「その地方」にしかないところがほとんどです。そうなると、そこを離れてお金を引き出すと、「他行引き出し」となり、やっぱり**１１０円から**

220円の手数料がかかります。
その点、郵便局のATMは、たいていどこの市区町村にもありますので、このATMさえ使えれば、**どこでも無料で引き出せるのです。**

コンビニでもお金を引き出せる

郵便局のATMは、深夜や土日、祝日でも、営業している限り、いつお金を引き出しても手数料は無料です。

他の銀行なら、100万円を1年間預けてつく利息より、時間外に1回引き出す手数料のほうが高いですから、**郵便局の「ATM手数料無料」というサービスは、やっぱりとても魅力**です。

加えて郵便局の口座のお金は、ゆうちょ銀行のカードを使って、提携金融機関

（都市銀行・地方銀行など約1400社）やコンビニのATMから引き出すことも可能です。

コンビニの中でもとくに「**ファミリーマート**」は、ゆうちょ銀行のATMが置かれているところがたくさんあるので、これを使えば「預け入れ」「引き出し」にかかわらず、ゆうちょ銀行のカード保持者は、ほぼ24時間、手数料が無料です。

ゆうちょ銀行のATMではありませんが、「イーネット」と書いてあるATMを使う場合も、平日8時45分〜18時、土曜日9時〜14時までは無料になります。

一方、コンビニ大手の「**セブン - イレブン**」と「**ローソン**」は、110円〜220円の手数料がかかるので、ゆうちょ銀行のキャッシュカードで引き出すときは、気をつけたほうがいいでしょう。

海外の方も使いやすい

じつは、このファミリーマートのATM。

現在かなり進化していて、なんと英語やフランス語、中国語をはじめ、16言語に対応したものになっています。

ですから、さまざまな国の方が利用しやすくなっています。

結論

ゆうちょ銀行のATMなら、曜日に関係なく、365日、いつでも手数料無料で預け入れと引き出しができます。コンビニについては、セブン-イレブン、ローソンだと手数料がかかりますが、ゆうちょ銀行のATMがあるファミリーマートなら、365日、いつでも手数料無料で使えます。

子どもや親への仕送りがタダでできる

子どもが都会の大学に受かれば、喜ぶ親御さんは多いでしょう。

ただ、その喜びもつかの間、4年間の大学生活で、親は子どもに山のような**「仕送り」**をしなくてはなりません。

なぜなら日本は教育費がバカ高いからです!

でもだからこそ、こういうときの仕送りは、**ゆうちょ銀行が便利でおすすめ**です。

なぜなら郵便局に口座があるなら、自分のキャッシュカードとは別に**「代理人カード」**をつくれば、**振込手数料無料**で仕送りができるからです。

代理人カードで仕送りの手数料が無料

「代理人カード」とは、本人と同じ口座から、ATMで入出金等を行うことができる、代理人用のカードです。

この「代理人カード」は最強です。

たとえば青森にいる親が、東京にいる子どもに毎月仕送りするとします。

その場合、まずは郵便局に口座をつくり、「本人カード」と「代理人カード」、2枚のキャッシュカードをつくります。そして代理人カードを東京にいる子どもに持たせます。そうすると「青森」の郵便局にお金を入金しておけば、それを「東京」にいる子どもが自由に引き出せるというわけです。この方法だと**振込手数料（送金手数料）がかかりません。**

代理人カードをつくるには、口座の名義人が、通帳、印鑑、本人確認証（運転免許証やパスポートなど顔の確認ができるもの）を持って郵便局の窓口で手続きします。

民間の銀行でも、代理人カードを発行してはくれますが、民間の銀行の場合、「東京」の銀行に口座をつくると「青森」にその銀行の支店やATMがなかったり、「青森」の銀行で口座をつくると、「東京」にその銀行の支店がなかったりと不便なことがよくあります。

その点、郵便局だと、全国津々浦々に支店やATMがありますので、不便がありません。

親への仕送りもこの方法で

実家の親に仕送りをするときも、この方法を使えば、**振込手数料無料**で仕送りができます。しかも、郵便局のATMさえ使えれば、お互いに手数料は無料です。
最近、銀行では、本店から支店に送金するにも、手数料がかかるところが増えてきました。けれど、郵便局の場合には、本店・支店の区別がないので、いまご紹介している話とは別に、普通にゆうちょ銀行同士で振り込む場合も、一般の銀行より多少有利かもしれません。

結論

郵便局に口座をつくり、「代理人カード」をつくってもらうと、親が入れたお金を、遠隔地で子どもが引き出せ、振込手数料もかかりません。

「ゆうちょダイレクト」で家にいながら振込&送金無料(月5回)

「パソコンでネットバンキング」と聞くと、なんだか難しそうな気がします。
けれど、お手元に「パソコン」や「スマートフォン」「携帯電話」があるなら、それを使ってネットバンキングができると、口座管理が楽になります。

郵便局の場合、これは「ゆうちょダイレクト」というサービス（申し込み無料）になるのですが、このサービスを使えば、次の図のような、さまざまなサービスを利用できます（利用の際は「ゆうちょ通帳アプリ」（無料）を使用します）。

ゆうちょダイレクトのサービス一覧

	取り扱いの種類		ダイレクトサービス	テレホンサービス	投資信託テレホンサービス
照会	現在高のご照会		○	○	−
	入出金明細のご照会		○	−	−
	払込み・振込入金のご照会		○	○	−
	通帳未記入分のご照会		○	○	−
	振替受払通知票のご照会		●	−	−
送金	ゆうちょ銀行あて振替（電信振替）		○	○	−
	他金融機関あて振込		○	−	−
	Pay-easy	税金・各種料金の払込み	○	−	−
		自動払込みの申し込み	○	−	−
	連動振替決済サービス		○	−	−
	国際送金		●	−	−
貯金	担保定額貯金・担保定期貯金のお預け入れ / 満期時の取扱方法の変更		○	−	−
	ゆうちょボランティア貯金のお申し込み・寄附先の変更		○	−	−
	通常貯金ご利用の上限額（オートスウィング基準額）の変更		○	−	−
資産運用	投資信託口座・非課税（NISA・つみたてNISA）口座の開設申し込み		●	−	−
	投資信託のお取引・ご照会		●	−	○
その他	利用停止・利用停止解除		●	−	−
	デビットカードのお申し込み・利用停止		○	−	−
	ATM 等での 1 日の引き出し上限額等の引き下げ		○	−	−
	住所・電話番号の変更		○	−	−

注）●→ 携帯電話を除く

ゆうちょ銀行

このサービスのなによりのメリットは、郵便局が閉まっている真夜中でも、いつでも**自宅で貯金残高の照会や、どこからお金が振り込まれたかのチェックができる**ことです。

また、夜中に急に「明日の朝、一番に送金しなくては！」と思い出しても、その場で（自宅のパソコンや携帯で）振り込み手続きをしておけば、翌朝、寝坊をしてしまっても、あとはインターネットが朝一番で、あなたに代わってお金を振り込んでおいてくれます。ですからあなたは、**朝から郵便局の窓口に並ばなくてもいい**わけです。

またこの「ゆうちょダイレクト」に登録すれば、月5回まで、ゆうちょ銀行に口座を持っている人同士なら送金（振込）も無料（6回目以降は1回100円がかかります）。

ただし、ゆうちょ銀行以外の金融機関に振り込む場合は、5万円未満なら1回2

20円、5万円以上なら1回440円かかります。

ちなみに、こうしたネットバンキングのサービスは、どこの銀行でも行っていて、たとえば三菱UFJダイレクトの場合、他行あての振込は、3万円未満で220円、3万円以上が330円と、郵便局と似通った料金になっています。

ただ民間の銀行の場合には、インターネットバンキングをしていれば、住宅ローンの一部繰上げ返済や金利の種類変更をするのに、**手数料が無料になるなど特典があるところ**もありますので、使い勝手は比較するといいでしょう。

結論

「ネットバンキング」は、使いはじめればとても便利。わざわざ窓口に行かなくても、家にいながらさまざまなサービスが受けられます。

「ゆうパック」をおトクに送る裏ワザがある

郵便局といえば「ゆうパック」。

コンビニなどでの取り扱いも多く、いつも利用するという方も多いでしょう。

じつはこのゆうパック、「持込割引」「同一あて先割引」「複数口割引」があり、これを使うとおトクに送れるのをご存じですか？

［持込割引］
「持込割引」とは、荷物を郵便局またはコンビニなどのゆうパック取扱所に持ち込むと、荷物1個につき**120円割引**になるというサービスです。

これは「**重量ゆうパック**」についても有効です（ただし郵便局のみ）。重量ゆうパックとは、通常のゆうパックより重い荷物を送れるサービスです。普通のゆうパックは25kgまでですが、これを超えた30kgまでの荷物については重量ゆうパックの扱いになります。料金は荷物のサイズや送る地域で変わりますが、基本運賃に510円または520円プラスすれば送れます。

［同一あて先割引］

「同一あて先割引」とは、直近1年以内に発送したゆうパック（または重量ゆうパック）と同じ住所に再び荷物を送るときに割引されるサービスです。

これを利用するには、前回発送時の「ご依頼主控え」（ゆうパックを送ったときにもらえる控え。同一あて先割引欄が印刷されているもの）を持っていきます。すると1個につき**60円の割引サービス**が受けられます（ただし、着払いの荷物は対象外）。

ゆうパックの割引サービス

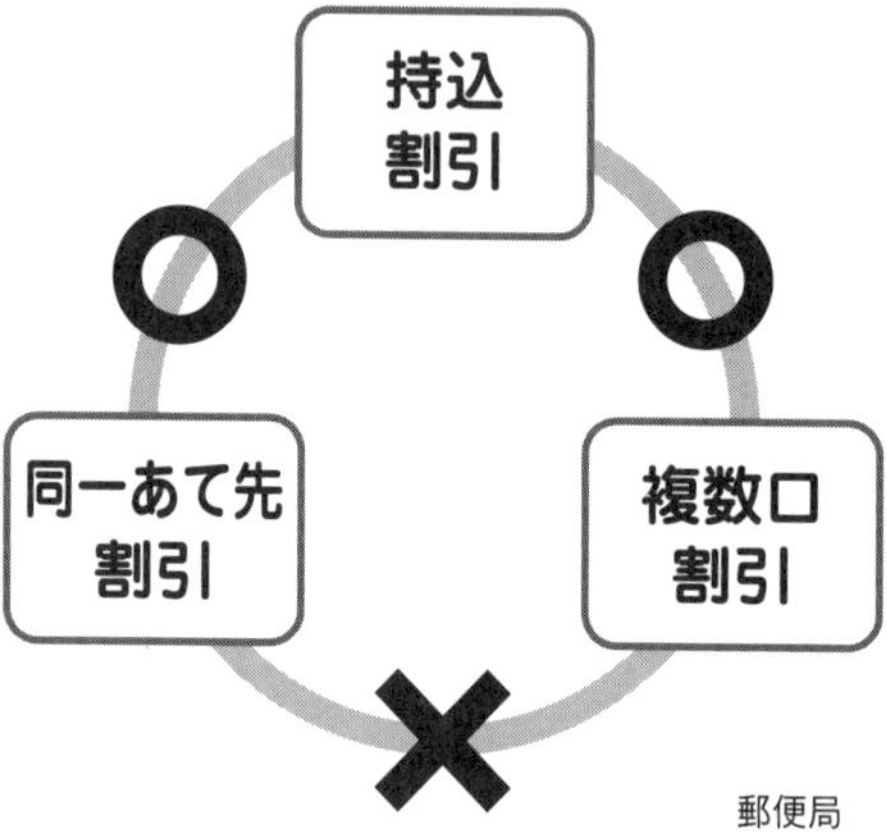

郵便局

［複数口割引］

「複数口割引」とは、同じあて先に送る荷物を、同時に2個以上出すときの割引サービスで、**1個につき60円安くなります。**ただし「ゆうパック1個」と「重量ゆうパック1個」で合計2個などの場合には、この割引は使えません（着払いも対象外）。

「ゆうパック」には、以上のような3つの割引がありますが、上の図のように、同時には使えませんのでご注意ください。

「アプリ」のダウンロードでもっとおトクに

さらには**「ゆうパックスマホ割アプリ」**を利用すると、**1個につき180円割引**になります。このアプリは誰でも**無料**でダウンロードでき、これを使うと基本運賃が180円割引になるだけでなく、アプリ限定で**「郵便局受取割引」**（ゆうパックの受取場所を郵便局に指定し、受取人がそこに荷物を取りにいくよう指定して発送するもの。100円割引）や**「継続利用割引」**（1年間に10個以上発送すると、次の発送から料金が10％割引）も使えます。

ただ、このアプリを利用すると、先の「持込割引」「同一あて先割引」「複数口割引」は使えません。

ちなみにこのアプリには、もう一つ利点があります。

それは**伝票への面倒な宛名書きが不要**になるということです。

アプリに宛先を入力すれば、二次元コードが作成され、それを郵便局の機械で読み取れば、宛名ラベルが印刷されて出てきます。この宛名ラベルを貼りつければすぐ発送できるので、面倒な伝票の手書きが不要でラクチンです。

料金はクレジットカードを使って、アプリ内で決済するので便利です。

また、「かんたんＳＮＳでお届け」機能を使うと、**自分の住所を明かさず荷物を送ることもできますので、ネットオークションのやりとりに便利**です。

結論

「ゆうパック」には、割引があったり、アプリでとても便利になったりとサービスがいっぱいですので、ぜひ活用してください。とくに宛名書きが不要になるのはうれしいですね。

郵便局なら子ども用カードをつくれる

近ごろ、子どもがオンラインゲームをする際、高額な課金トラブルに巻き込まれる事件が増えています。その多くは親のクレジットカード情報が入ったスマートフォンでゲームをしていて、勝手に課金したというケースです。

子どもはカードをつくれません。でも親に隠れてゲームはしたい。そんな子どもにはいっそ、子ども自身にカードを持たせて、上限額のある範囲内でゲームをさせたいと思う親御さんもおられるかもしれません。

あるいはこれからは、キャッシュレス社会になっていくので、「子どものうちからカードに馴染ませたい」と思っている方もいるかもしれませんね。

クレジットカードはいくつからつくれるの?

	親の同意なし	親の同意あり
18歳未満・高校生	作れない	作れない
18歳以上(高校生除く)	作れない	作れる
20歳以上	作れる	作れる

クレジットカードは、18歳からつくれますが、20歳までは親権者の同意が必要です。また、学生は基本的にカードは不可(つくれない)が原則です。なぜならカードは後払いになりますから、収入がないうちは無理なのです。

クレジットカードには「家族カード」という、会員本人とは別に、家族がつくれるカードもありますが、家族カードも基本的には18歳以上ということになっています。またカードは、本人しか使うことができません。

たとえば「ゲーム課金のときだけ」や

「修学旅行の間だけ」、「短期の海外旅行の間だけ」など、短期間だけ親のクレジットカードを借りることもできません。子どもであろうと自分以外の人のカードを使ったら、**「不正使用」**になってしまいます。

では、18歳未満の子どもにカードをもたせる方法が、まったくないかというと、じつはそうではありません。**郵便局でもカードをつくれる方法が一つあります。**

カードには3つある

支払いに使うカードには、**クレジットカード**のほか、**プリペイドカードとデビットカード**があります。

［クレジットカード］

先に買い物をしてお金はあとから支払うカードです。

［プリペイドカード］

前もってお金をカードにチャージして、このチャージ金額までしか使えないというカードです。「Ｓｕｉｃａ」や「ＰＡＳＭＯ」「ＩＣＯＣＡ」などもプリペイドカードで、使うたびに残高が示され、残りどれだけ使えるかがわかります。残高がゼロになったら使えませんので、そのときには新たにお金をチャージして使います。

［デビットカード］

利用と同時に銀行口座からお金が引き落とされるカードです。つまり、銀行にあるお金の残高以上の買い物ができない、銀行口座と直結しているカードです。ですからデビットカードなら、子どもでも比較的簡単に発行してもらうことができ、これがＶＩＳＡやＪＣＢなど国際ブランドを付帯していると、コンビニやネットショッピングなど、幅広いところで使えます。

郵便局のカード「ｍｉｊｉｃａ」とは

そして郵便局には「ｍｉｊｉｃａ」という「Ｖｉｓａデビットカード・プリペイドカード」があります。

郵便局の口座に直結していて、これを使えばネットショッピングはもちろん、「ＶＩＳＡ」のマークのついている世界中の店で買い物ができます。

プリペイドカードは、持つ人に年齢制限がありませんが、デビットカードは、基本的には中学生を除く15～6歳以上という年齢制限があります。しかし郵便局の「ｍｉｊｉｃａ」はなんと、**12歳以上（小学生を除く）からつくれます。**

使える金額の上限は、ゆうちょ銀行の口座残高までなので、親がしっかり口座残高を管理すれば、使いすぎてあとから法外な料金の請求がくるなどの心配もありません。ですから子どもがどうしても課金ゲームをするというなら、このカードを手渡せば、「親のカードで知らないうちに高額なゲーム課金」をされるという心配は少し薄れるかもしれません。

結論

クレジットカードは、親の同意があっても、18歳未満は基本的につくることができません。でも郵便局では12歳（小学生を除く）から「デビットカード」をつくることが可能です。

郵便局でお金を借りられる⁉

「お金を借りる」というと、カードを使った手軽なキャッシングを想像します。でも、キャッシングの金利は思いのほか「高い」です。

たとえばいま、郵便局の通常貯金は金利0・001％ですが、小口のキャッシングをすると**金利はなんと約15％**。つまり**預金金利の15000倍近い金利を払わなければ、お金が借りられない**わけです。

でも人生には、急にお金が必要になることもあるでしょう。

そんなとき、郵便局ユーザーはどうしたらいいのでしょうか。

「貯金」を担保にお金を借りる

　ゆうちょ銀行に定額・定期貯金があれば、これを担保に割安な借り入れをすることが可能です。これを「**貯金担保自動貸付け**」といい、**貯金額のなんと9割まで借り入れられます（2年間、1冊の総合口座通帳につき300万円まで）**。

　郵便局で金利がいいときに貯金をしてきた人は、お金が必要になったからと、せっかくの好条件で貯めてきた貯金口座を取り崩して（解約して）はもったいない。

　そんなときは口座解約で現金を手にするより、「貯金担保自動貸付け」でお金を借りれば、せっかくの貯金を満期まで取り崩さずにすませられます。

　上限は次の図のように、民間の銀行より有利に借りられるケースもあります。**金利は返済時の約定金利＋0・25％**（定額貯金の場合）、預入時の約定金利＋0・**5％**（定期貯金の場合）です。

金融機関の借入金額の上限

金融機関	借り入れ金額の上限
ゆうちょ銀行	預入金額の 90％以内 預入金額の 300 万円まで
三菱 UFJ 銀行	定期預金残高の 90％以内 預入金額の 200 万円まで
三井住友銀行	預入金額の 90％以内 預入金額 200 万円まで
りそな銀行	定期預金残高の 90％以内 預入金額の 200 万円まで
みずほ銀行	預入金額の 90％以内 預入金額の 200 万円まで
イオン銀行	定期預金残高の 90％以内 預入金額の 300 万円まで
新生銀行	定期預金残高の 90％以内 預入金額の 500 万円まで

「保険」を担保にお金を借りる

第2章でも少しご紹介しましたが、郵便局で加入している生命保険が、貯蓄性のあるものだったら、その保険を解約したとき戻ってくる**解約返戻金を担保**におトクにお金を借りる方法もあります。これを**「契約者貸付」**といいます。

生命保険は「お金がない」からと解約すると、イザというとき保障が得られなくなってしまいます。ですから保険を解約しなくても、一時的にお金を借りられる「契約者貸付制度」があるのです。

この制度では一部の生命保険会社が、即日の貸し出しを行っていて、銀行や消費者金融ではお金を借りられないという人でも貸してもらえます。

このときの金利は、かんぽ生命の規約や、保険についている運用利回りにもよりますが、**年1・5%から6%**といったところです。貯蓄性の生命保険なら、生命保険そのものに運用利回りがついていますから、それを差し引くと、1〜2%という低い金利で借りられるものもあります。

返済はお金ができたときにすればよく、最悪の場合、返せなくても生命保険の解約返戻金から返済されるので、キャッシングなどでお金を借りるより安心ですし、利率も低いです。

結　論

お金を借りるなら、高い金利のカードローンやキャッシングで借りる前に、郵便局に預けた「貯金」や「保険」を担保に、低利で借りられないか聞いてみましょう。

「ネットオークション」は郵便局がおトク

最近は、インターネットを使った**ネットオークション**がさかんです。

オークションではいま、さまざまなものが売り買いされていますよね。

ただオークションでは、売れたら「モノ」を相手に届けなくてはなりません。

この場合の送料は、小さなサイズのものでも、ゆうパックで810円くらいはかかります。

こんなにかかると個数が増えれば、売れても儲けが減ってしまいます。

そこでオークションで使うと便利なのが、**郵便局の「クリックポスト」**です。

全国一律198円で送れる「クリックポスト」

クリックポストは、長さ14㎝から34㎝、幅9㎝から25㎝、厚さ3㎝以内で、重さ1kg以内の荷物（厚みのある大きな封筒くらいのサイズ）なら、**全国一律198円**で送ることができます。

同じサイズ、厚さ、重さのものを**定形外郵便で送ると料金は580円**になりますので、クリックポストはかなり安いと思います。

しかも**追跡サービス**がついているので、出した荷物がいまどこにあるかもわかります。追跡したい荷物があれば、郵便局の専用ページ「郵便追跡サービス・個別番号検索」に問い合わせ番号を入れればすぐわかります。ヤフオクなどで相手に追跡番号を知らせる**必要がある人**は、クリックポストは安くてとても便利でしょう。

送れないものがある

ただし、クリックポストは、速達などのオプションサービスが使えなかったり、「現金」や「信書」、貴金属などの「貴重品」、「爆発物」「毒薬」「劇薬」などの危険物は送れません。

また、紛失した際の補償もついていないので、補償をつけたいなら、料金は高くなりますが「定形外郵便」や「ゆうメール」に**書留**（引き受けから配達までの送達過程を記録し、万一、郵便物等（ゆうパックを除く）が壊れたり、届かなかった場合には損害要償額の範囲内で実損額を賠償してくれるサービス）をつけて送ったほうがいいでしょう。

クリックポストを利用するには、事前に、Yahoo! JAPAN のＩＤの取得と、

Yahoo!ウォレット（クレジットカード払い）の利用登録、またはAmazonアカウントの取得とAmazon Pay（クレジットカード払い）の利用登録が必要です。

配達日数は、早くて2〜4日で、交通機関の状況にもよります。

安いのですが、沖縄などの離島だと1週間以上かかることもありますので、そこはご注意ください。日数だけで考えると料金が高い分、ゆうパックや一般の宅配便のほうが早いでしょう。

結論

人気のインターネットオークションで商品を発送するなら、郵便局の「クリックポスト」が安くて手頃。サイズ内なら全国一律、どこへでも追跡サービスつき198円で送れます。

「お年玉付き年賀はがき」を上手に使おう

郵便局と言えば、**「お年玉付き年賀はがき」**を楽しみにしている人も多いかもしれません。

お年玉付き年賀はがきは、1月に抽選発表が行われ、2020年は、特等が「東京2020オリンピック〝開会式〟〝閉会式〟〝競技観戦〟いずれかのペアチケット（2021年に延期になったのでチケットも2021年に移行）」、一等が現金30万円（電子マネーなら31万円）、また100本に3本はお年玉切手シートが当たります（2020年度の引き換えは10月20日まで）。

喪中になったら無料交換してくれる

年賀状を書くとき、書き損じてしまうというのは、よくあることです。

未使用の年賀ハガキや、書き損じたハガキは、最寄りの郵便局に持っていくと、「切手」や「通常ハガキ」と交換してくれます。交換の際の手数料は**1枚につき5円**。これは現金だけでなく、切手で払うこともできます。

年賀状を出そうと年賀ハガキをたくさん買っておいたのに、年末に喪中になり、年賀状が出せなくなったという場合は、**無料で交換**してくれます。ただし、交換するには期限があるので注意しましょう。

書き損じハガキで寄付ができる

書き損じのハガキは、**まとめて寄付**することもできます。

たとえば「日本ユネスコ協会連盟」では、「書きそんじハガキ・キャンペーン」を行っています。**書き損じのハガキが11枚あれば、カンボジアでは1人がひと月学校に通える**そうです（日本ユネスコ協会連盟では、書き損じのハガキだけでなく、未使用の切手や未使用のプリペイドカード、ビール券やおこめ券、旅行券、その他の商品券や収入印紙なども寄付できます）。それらはきっと、恵まれない子どもたちの助けになるはずです。

また、アジアを中心に、貧困の中で暮らす子どもたちの自立を助ける「チャイルド・ファンド・ジャパン」でも、書き損じハガキを集めており、**ネパールでの支援活動**に活用しています。

「日本盲導犬協会」でも、家庭に眠っている書き損じのハガキや未使用のハガキを送ると、これを切手やハガキに交換して通信費に充て、**盲導犬普及活動**に役立てています。

書き損じハガキを切手と交換する

書き損じのハガキと交換した切手は、「ゆうメール」や「ゆうパック」、「書留」、「速達」料金のほか、「着払いゆうパック」の支払いに使えたり、メルカリやヤフオクなどで商品を落札したとき**「切手払い可」**となっている出品者への支払いにも使えます。

メルカリやヤフオクで「切手払い可」としている人は、ネットオークションをよく使っている人に多く、落札者から支払われた切手を、自分が商品を送るときに使ったり、自分が落札した商品の着払いなどに使っていることが多いようです。

ちなみに**切手そのものを金券ショップで安く買い、それを支払いに使えば、郵便**

を割安に送れます。金券ショップでの切手の販売価格は、店によって違いますが、90％くらいで売っている店が多いようです。チェックしてみるといいでしょう。

結論

書き損じのハガキでも、5円払えば新しいものに取り換えてくれますし、寄付によって、貧困にあえぐ子どもたちを救う手助けができるかもしれません。ハガキを切手に換えれば、「ゆうメール」や「ゆうパック」「書留」「速達」料金のほか「着払いゆうパック」の支払いにも使えます。

「切手」の世界を楽しもう

郵便局ができて約150年、これまで郵便は多くの人の気持ちを運んできました。ここで活躍するのが「切手」です。ハガキや封書を手にしたとき、珍しい切手が貼られていると、ちょっとうれしく思うことはないですか？

切手には「普通切手」と、「記念切手」があります。普通切手は、全国一律、どの郵便局でも大量に売り出されています。でも記念切手は、売られている郵便局が**地域限定**だったり、全国的に売られていても数量が限られたりしています。

記念切手の料金は、ハガキ用63円、封書用84円と、普通切手と変わりませんが、デザインや大きさなどは切手によって変わります。

「江戸 - 東京シリーズ第一集」切手

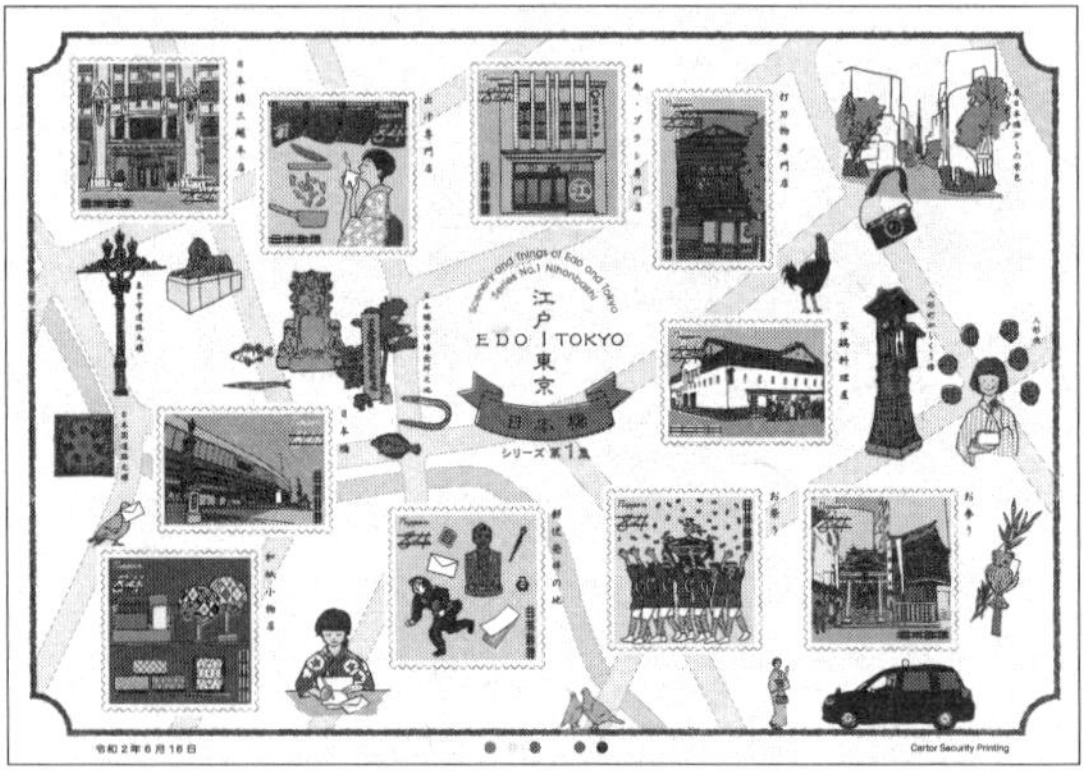

郵便局

たとえば、2020年6月に発行された〝江戸 - 東京シリーズ第一集〟では、日本橋三越本店、出汁専門店の「にんべん」や刷毛専門店の「江戸屋」、軍鶏料理で有名な人形町の「玉ひで」など多くの店の協力を得て、日本橋界隈の小物、食べ物、建物、ランドマーク、神社、祭りなど、東京の古今の風物を、柔らかいタッチでイラストにしています。切手はこのシリーズのように、懐かしい故郷の情緒を届けてくれるものだけでなく、他にも「動物シリーズ」や「花シリーズ」など、心を和ませてくれるものも多くあります。

ユニークな切手をシリーズで出している郵便局ですが、切手は**通信販売**もしています。

通信販売の料金は、切手（1シート10枚が多い）に送料をプラスしたもので、インターネットで申し込めば、届けてくれます。

「押印サービス」も見逃せない

「押印」とはスタンプのこと。限定された郵便局でしか押せないものと、多くの窓口に置いてあるものがあります。

スタンプは、各地の記念イベントや記念切手の発行などと合わせて用意されることが多いですが、「東京2020聖火リレー」のスタンプ（次ページ参照）などもあります（2020年現在、この押印サービスは延期になっていますが）。

「東京2020聖火リレー」のスタンプ

デザイン中、●は都道府県名、■はそれぞれ月日、実施郵便局名が入ります。

※このサービスは2020年6月現在延期になっています。

郵便局

「自分の顔」が切手になる!?

郵便局では、**オリジナル切手の作成サービス**も行っています。気に入った写真やイラストの画像をアップロードし、好みに合わせてレイアウト調整をし、フレームを選択、仕上がりイメージを確認します。

これを郵便局の窓口かウェブサイトで申し込めば、約3週間であなただけの切手が届けられます。料金は通常の切手より少し高くなり、**84円切手10枚で1260円（送料別）**です。**子どもの出産や結**

婚をはじめ、**家族や伴侶との記念写真**を送るのに、一興を添えてくれることでしょう。

3000万円の切手がある!?

年配の方の中には、趣味で**切手を収集**していたという方も多いのではと思います。押入れの中を探すと、昔集めていた切手の台帳がある方も珍しくないかもしれませんね。

切手収集家なら、1948年に発行された浮世絵師、**菱川師宣の「見返り美人」**や、1949年に発行された浮世絵師、**歌川広重の「月に雁」**の名前を聞くと、ソワソワするのではないでしょうか。

日本に現存する最高値と思われる切手は、明治8年に発行された、6銭の「**桜切手カナ入り(ヨ)**」。

卵形のデザインなので、マニアの間では「タマ六のヨ」などと呼ばれているようです。これは超レア切手で、現存している無傷のものは1枚しかないようです。なんとこれが、一時は3000万円もしていました。

古いタンスを整理したら、もしかしたらこんなお宝が出てくるかもしれませんよ。

結論

記念切手は通信販売での購入も可能。自分や家族の写真でオリジナル切手もつくれます。また、古い切手の中には、マニアの間で高額な価格で売買されているものもあるので、古いタンスを整理するときには要チェック！

郵便局の「やさしいサービス」を活用する

郵便局はもともと国営機関。民営化してもユニバーサルサービスを義務づけられているため、全国を対象に社会貢献や、人にやさしいサービスをさまざまに揃えています。

そこでここでは「**ゆうちょボランティア貯金**」「**年金配達サービス**」「**点字サービス**」「**義援金送付**」「**送金料金の割引サービス**」「**みまもり訪問サービス**」についてご紹介したいと思います。

ゆうちょボランティア貯金

郵便局には、「ゆうちょボランティア貯金」という商品があり、通常貯金、通常貯蓄貯金の利子のうち20％が寄付金として、世界中で援助を求める人たちのために使われます。

集まった寄付金は、ＪＩＣＡ基金を通して、教育支援、医療支援、環境汚染対策支援、上下水道の整備など、さまざまなところに使われています。

以前これは、「国際ボランティア貯金」という名前でしたが、民営化にともなって、新たに「ゆうちょボランティア貯金」としてリニューアルしました。

ちなみに、２００８年10月以降、約１２０万件の口座で、累積３３７８万８０５５円の寄付が集まっています（２０２０年５月）。

年金配達サービス

高齢、病弱などのために、郵便局の窓口に出向いて年金を受け取れない人に対して、「年金」や「恩給」などを自宅に届けるサービスです。

このサービスを利用するには、年金配達申込書に、ゆうちょ銀行の店長や郵便局長、または民生委員のいずれかによる証明を添える必要があります。

また郵便局には**「年金自動受取り」**というサービスもあり、各種年金が年金支給日に、自動的に通常貯金に振り込まれるというものもあります。年金自動受取りを新規で使う人は、メガネ型ルーペなどの景品がもらえたり、抽選で1000名に現金5000円が当たるといったキャンペーンもやっています。継続して契約している人には、抽選で200名に現金1万円が当たるという特典も！　利用の予定がある人は調べてみるといいでしょう。

点字サービス

目の不自由な方のために、郵便局では預け入れた貯金や各種通知の内容を、点字で印字するサービスをしています。希望者はゆうちょ銀行または郵便局の窓口で申し出れば、使えるようにしてもらえます。

また、名前を点字で表示したキャッシュカードも、希望すれば送ってくれます。

ちなみに郵便局のＡＴＭは、全機種、点字つきキーボードとなっています。

義援金送付

郵便局では窓口での通常払い込みによる災害義援金の無料送金サービスを行っています。ただしＡＴＭを使った通常払い込みには料金がかかるので要注意です。

目の不自由な方の窓口利用料金

1 通常払込み

送金金額が５万円未満の場合は152円です。
（振替MTサービスご利用の場合は71円です。）
送金金額が５万円以上の場合は366円です。
（振替MTサービスご利用の場合は285円です。）

2 通常払込み（ペイジーマークの付いた帳票）

送金金額が５万円未満の場合は61円です。
送金金額が５万円以上の場合は285円です。

3 電信振替（ゆうちょ銀行口座間の送金）

送金金額にかかわらず100円です。

4 振込（他の金融機関口座への送金）

送金金額が５万円未満の場合は220円です。
送金金額が５万円以上の場合は440円です。

ゆうちょ銀行

送金料金の割引サービス

目の不自由な方は、身体障害者手帳を窓口で提示すると、窓口での取り扱いであっても、より割安なATM利用料金で送金などの取り扱いをしてくれます。ただし、利用はATM設置店舗で、本人名義で送金される場合に限られます。

みまもり訪問サービス

２０１７年にスタートした、郵便局員が月２５００円で高齢者の自宅を訪問し、家族に近況を伝えるサービスです。

地域に密着したサービスだと期待されていましたが、地域のボランティアが同様のサービスを行ったり、警備保障会社がイザというとき駆けつけるサービスを、変わらない料金で提供したことなどから、商品としてはあまり売れず、多くの地域で撤退しているようです。

でも気心が知れた局員が定期的に見回ってくれるなら、親世代もその家族も安心かもしれませんね。

結　論

ユニバーサルサービスを義務づけられる郵便局では、全国津々浦々、地味だけれど弱者にやさしいサービスを揃えています。興味があればいろいろ調べてみてください。

著者略歴

荻原 博子（おぎわら　ひろこ）

1954（昭和29）年、長野県生まれ。経済ジャーナリスト。大学卒業後、経済事務所勤務を経てフリーの経済ジャーナリストとして独立。経済の仕組みを生活に根ざした視点から、わかりやすく解説する第一人者として、テレビ、ラジオ、新聞、雑誌など各種メディアで活躍中。近著に『役所は教えてくれない定年前後「お金」の裏ワザ』（当社）、『保険ぎらい』（PHP新書）、『騙されてませんか』（新潮新書）、『投資バカ』（宝島社新書）などがある。

SB新書　515

郵便局はあぶない

2020年8月15日　初版第1刷発行

著　者　荻《おぎ》原《わら》 博《ひろ》子《こ》

発行者　小川 淳

発行所　SBクリエイティブ株式会社
〒106-0032　東京都港区六本木2-4-5
電話：03-5549-1201（営業部）

装　幀　長坂勇司（Nagasaka design）

本文デザイン　荒井雅美（トモエキコウ）

組　版　アーティザンカンパニー

図版作成　諫山圭子

編集担当　石塚理恵子

印刷・製本　大日本印刷株式会社

本書をお読みになったご意見・ご感想を下記URL、
または左記QRコードよりお寄せください。
https://isbn2.sbcr.jp/06121/

落丁本、乱丁本は小社営業部にてお取り替えいたします。定価はカバーに記載されております。本書の内容に関するご質問等は、小社学芸書籍編集部まで必ず書面にてご連絡いただきますようお願いいたします。

ISBN 978-4-8156-0612-1